U0277273

2014年度宁波市自然科学学术著作
出版资助项目

The Theory, Algorithm and Implement
of Resource Allocation for

Software Projects

软件项目群资源配置理论、算法及其实现

郭　研/著

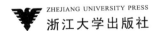
ZHEJIANG UNIVERSITY PRESS
浙江大学出版社

图书在版编目（CIP）数据

软件项目群资源配置理论、算法及其实现 / 郭研著.
—杭州：浙江大学出版社，2014.9（2017.2 重印）
　ISBN 978-7-308-13795-9

　Ⅰ.①软… Ⅱ.①郭… Ⅲ.①软件开发－项目管理
Ⅳ.①TP311.52

中国版本图书馆 CIP 数据核字（2014）第 204597 号

软件项目群资源配置理论、算法及其实现

郭　研 著

责任编辑	王元新	
封面设计	续设计	
出版发行	浙江大学出版社	
	（杭州市天目山路 148 号　邮政编码 310007）	
	（网址：http://www.zjupress.com）	
排　　版	杭州中大图文设计有限公司	
印　　刷	杭州杭新印务有限公司	
开　　本	710mm×1000mm　1/16	
印　　张	11	
字　　数	200 千	
版 印 次	2014 年 9 月第 1 版　2017 年 2 月第 4 次印刷	
书　　号	ISBN 978-7-308-13795-9	
定　　价	35.00 元	

版权所有　翻印必究　　印装差错　负责调换

浙江大学出版社发行中心联系方式：0571－88925591；http://zjdxcbs.tmall.com

前　言

随着市场需求的不断扩大、信息技术的发展以及竞争环境的日趋激烈,越来越多的软件企业面临在一定资源和时间内,完成多个研发项目的任务和挑战。如何加强多个项目间的协调管理,合理组织和调度软件企业的各类资源,最大可能地产生项目群的协同经济效益,是提高软件开发效率和质量的根本保证。

本书针对软件产品的特点,对软件项目群资源配置的理论、模型及求解算法进行了深入研究。全书共分8章,第1章概述了项目管理、项目群管理和软件项目管理的基本概念,介绍了国内外软件项目资源配置问题的研究现状。第2章至第4章构成了软件项目群资源配置理论的基本框架。其中第2章系统分析了软件项目群资源配置框架及过程;第3章介绍了软件项目群管理中的工作量估算方法和风险管理理论;第4章对软件项目群进度管理中的网络建模技术和资源优化方法做了深入阐述。第5章至第8章针对软件企业实际资源配置问题的特征,建立了对应的数学模型,并给出了具体的求解算法。其中第5章介绍了软件项目群多技能员工配置问题,并给出了基于云多目标微粒群算法的配置方法;第6章介绍了软件项目群人力资源均衡问题,并应用启发式算法和遗传算法对该问题进行了求解;第7章介绍了软件项目群多模式多资源均衡问题,并应用基于动态种群的多目标微粒群算法对该问题进行了求解;第8章介绍了软件项目群资源冲突问题,并给出了基于模糊关键链的资源冲突消解方法。

本书是作者近年来潜心学习和研究国内外软件项目管理理论、方法和应用成果的一个总结。本书的内容能够为软件企业优化配置各种项目资源提供理论依据,为相关调度软件的开发提供研究基础。

在本书的写作过程中,得到了南京航空航天大学经济与管理学院李南教授的热心指导和鼓励;浙江大学管理学院的张忠根教授和李兴森教授等领导在本书的编写思路和编写风格方面给予了大量宝贵的意见。浙江大学计算机科学与技术学院的张亶副教授审阅了书稿,并提出了许多宝贵意见,特在此向他们表示衷心的感谢。

本书的完成,得到了国家自然科学基金项目"基于可拓学的知识智能涌现创新机理研究"(编号:71271191)、浙江省软科学项目"浙江省软件产业项目群资源配置优化与评价方法研究"(编号:2013C35085)、宁波市自然科学学术著作出版资助项目和浙江大学宁波理工学院校"知识创新与智慧工程"优特学科等项目的资助。另外,本书在出版过程中,得到了浙江大学出版社的鼎力支持,在此对他们一并表示感谢。

由于软件项目资源配置技术发展迅速,近年的研究成果如雨后春笋,层出不穷。限于作者的学识水平,书中存在疏漏及不当之处在所难免,恳请读者批评指正!

作　者

2014 年 7 月

目　录

第1章　项目群管理概述

随着网络技术、信息技术、计算机软硬件技术的日益成熟，软件表现出越来越强的渗透力，软件的应用渗透到了国民经济、社会生活、国家安全的各个角落。软件技术几乎可以与所有传统产业相结合，促进产品的更新换代，大幅度提高产品的附加值，提高劳动生产率，推动产业结构与产品结构的调整。所以，一个国家软件业的发达程度，体现了这个国家的综合国力，决定着国家未来的国际竞争力。在我国信息产业"十二五规划"中也将"壮大软件产业"作为发展核心基础产业的主要任务。

在软件企业中，大多数的软件项目不是孤立的，而是与其他项目之间存在资源竞争和信息交流等各种联系。良好的项目群管理（Programme Management，PgM）[66]能够缩短多个软件产品的交货期，降低软件研发成本，使企业资源得到优化配置，从而大大提高软件企业的效益。因此，下面先简单介绍有关软件项目群管理的基本理论和知识。

1.1　项目与项目管理

1.1.1　项目

什么是项目？根据美国项目管理协会（Project Management Institute，PMI）的定义，项目是"为创造独特的产品、服务或成果而进行的临时性工作[172]"。按照我们的理解，"创造独特的产品或服务"是指项目都是具有特定目标的，而"临时性"是指项目工期是有一定限制的，而不能是无限期的，都有一个明确的开始期和结束期。所以，项目的一般定义是：在一定条件下的、具有一定生命周期的、为了某一特定目标而进行的一次性工作。

其实，我们对于项目并不陌生，它可以是设计一种新产品、开发一套新软件、运作一次政治竞选、建一座大厦、写一篇学术论文。按照项目所属的行业和

项目本身的规模不同,大致可以把项目分成以下几大类:

(1)超大型项目。这类项目往往需要耗费大量的人力、物力,需要几年或者几十年的时间才能完成。一般航空工业和国防工业中的项目就属于这一类,如新型飞机的设计、载人飞船的研发。

(2)大型项目。这类项目一般需要较多的资源,往往需要几年的时间才能完成。建筑业和一般工业企业中的项目就属于这一类。

(3)中型项目。这类项目一般需要一定资源,工期在一年内。软件行业和一般服务业的项目就属于这一类。

(4)小型项目。一般企业部门内部的研发和生产项目就属于这一类。

不同行业中的项目可能千差万别,但是它们也有某些相同的特点,具体如下:

(1)目的性。所有项目都是以实现一定的目标为目的的,也就是说每一个项目都有属于自己特定的项目目标。一般来说,项目目标可以分成两类:成果性目标和约束性目标。成果性目标是指以实现或者达到某项成果和成绩的目标,而约束性目标是指以满足某种条件为目的的目标[139]。

(2)生存周期。项目都有生存周期,项目的生存周期一般都要经历五个阶段:项目启动阶段、项目计划阶段、项目执行阶段、项目控制阶段和项目收尾阶段。

(3)依赖性。每一个项目都必须依存于一定的资源,这些资源包括时间资源、物质资源和人力资源。离开了这些资源,项目就无法继续下去,这就是项目的依赖性。

(4)独特性。项目都应该有自身的特殊性。一个项目之所以能区别于别的项目,就是因为项目自身的特殊性。所以,重复性的工作和劳动都不能称为"项目"。

1.1.2　项目管理

说到项目管理,人们的第一印象就是"对项目的管理",这个也就成了项目管理最初的定义。在这个定义里包含了两方面的含义:第一,项目管理应该属于管理的范畴,项目管理学也就成了管理学的一个分支;第二,项目管理的对象是项目,离开了"项目",项目管理也就无从谈起了,两者是密不可分的。下面我们给出国际项目管理界对项目管理的两个权威定义。

PMI的定义:项目管理就是将知识、技能、工具与技术应用于项目活动,以便满足项目的要求[172]。

ISO10006 的定义：项目管理是通过对项目的计划、组织、监测和控制，以达到一定项目目标的连续的过程[172]。

综合上面两个定义，我们发现"项目管理是通过项目经理和项目组织的努力，运用系统理论和方法对项目及其资源进行计划、组织、协调、控制，旨在实现项目的特定目标的管理方法体系"，这个也就是项目管理的一般定义。项目管理具有如下特点：

（1）项目管理是一项系统工程。项目管理是一项复杂的系统工程，在项目管理的实施过程中，可能需要跨越多个组织，要求各个部门的协调工作，以及不同学科的知识和专业人员的参与。所以，我们应该将系统工程的思想和方法贯穿于整个项目管理过程中，将项目看作是一个内部各部分紧密联系的系统，要全局把握整个项目的管理工作，避免由于任何局部的疏忽而造成总体效果不佳甚至失败。

（2）项目管理是一项具有创造性的工作。这是因为项目具有独特性，项目的这种"个性差异"，决定了我们在对项目进行管理时，无法找到一种对所有项目都适用的解决方案。这样，在项目管理中就需要充分发挥人们的想象力和创造力，运用创造性的思维来解决项目管理中所遇到的各种问题。

（3）项目管理以实现项目目标为宗旨。所有的项目管理都是以实现既定的项目目标为宗旨的，为了保证项目目标的实现，就需要将项目目标作为项目管理的总目标，再将这个总目标以项目管理的不同阶段划分为不同的分目标，通过各个分目标的实现，保证项目管理总目标的实现。在有些项目的实施过程中，原有的实施方案可能不能保证项目目标的实现，这就需要在项目实施过程中，不断地修改项目实施计划和方案，以保证项目目标的实现。

（4）项目管理需要集权领导和建立专门的项目组织。项目的复杂性随着项目的范围不同变化很大，项目的范围越大，复杂性就越高，其所涉及的知识和学科也越多，这极大地增加了项目管理的难度。项目在进行过程中所出现的很多问题也往往是贯穿各个组织或部门的，需要各个组织协调处理解决。因此，在项目管理中，需要建立以项目经理为核心，由不同部门专家所组成的，对整个项目负责的专门的项目组织。

早期的项目管理主要关注的是成本、进度，后来又逐渐扩展到质量、资源、采购等各个方面。最近十几年间，项目管理已经发展成为一个涵盖了九大知识体系的一门单独的学科分支。项目管理的知识体系如图 1-1 所示。

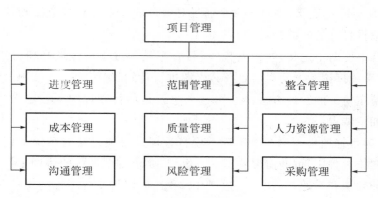

图 1-1 项目管理的知识体系

（1）进度管理。进度管理是指对整个项目进度实施的部署和控制[136]，可分为项目进度计划的编制和项目进度计划的控制两个环节，这两个环节相互依存、不可偏废。进度管理的常用方法有网络计划图法和甘特图法。

（2）范围管理。范围管理定义了项目的边界，着眼于"全局性"、"宏观上"的事物。例如项目的生命周期、工作分解结构（Work Breakdown Structure，WBS）的制定、管理流程变动的实施等。它确定了项目完成所需和仅需要的工作，包括起始、范围计划编制、范围定义、范围确认和范围变化控制等。

（3）整合管理。整合管理包括为识别、定义、组合、统一与协调项目管理过程组的各过程及项目管理活动而进行的各种过程和活动。

（4）成本管理。成本管理用以确保项目在项目预算范围内完成项目目标，主要包括资源计划、成本估计、成本预算和成本控制等环节。

（5）质量管理。质量管理主要是为了确保项目按照项目经理事先规定的要求完成，并实现项目目标。质量管理使整个项目的所有功能能够按照原先的质量及目标得以实现，主要包括质量计划、质量保证、质量控制等环节。

（6）人力资源管理。人力资源管理用以确保项目最大效能地使用有关人员，包括组织计划编制、人员获取和项目组发展等。

（7）沟通管理。沟通管理用以确保项目相关信息能及时、准确地得到处理，包括沟通计划编制、信息发布、过程评估报告和管理结束等。

（8）风险管理。风险管理用以对项目的风险进行识别、分析并制定相应的风险策略，具体包括风险识别、风险量化、风险响应和风险控制等内容。

（9）采购管理。采购管理用于项目执行组织从外界获取商品或服务，包括采购计划、申请计划编制、资源选择、合同管理和合同结束等。

1.2　多项目管理与项目群管理

1.2.1　多项目管理

随着全球网络化经济的发展,世界市场的竞争变得越来越激烈,企业项目的规模和数量也越来越大,对项目管理的要求也越来越高。在某些大型企业(如建筑业、船舶制造业和航空工业),经常会遇到多个项目需要并行执行的情况。为了一些经济方面的原因和更有效地配置与使用企业的各类资源,这些大型企业通常会采用一种全新的项目管理方法——多项目管理。简单地讲,多项目管理就是同时对项目总数大于 1 的一组项目进行计划、组织、执行和控制。在多项目管理中,项目彼此间可以相互独立,它们之间可以没有直接的联系,也可以没有共同的目标。

多项目管理建立在一般项目管理的基础上,所以它具有项目管理的所有特点,包括创造性、系统性和目的性。但是,多项目管理作为一种全新的项目管理方式,也具有区别于一般项目管理的特点。

(1)多项目管理的核心是在各个项目之间合理地分配各种资源。多项目管理和单项目管理的一个重要区别是:单项目管理是在假定项目的各类资源都满足的前提下进行项目管理,考虑如何使项目目标得以实现的一种管理方式,它的思考方式是"由因索果"的综合法;而多项目管理是考虑为了实现项目目标,如何在各个项目中合理地分配和管理各种资源,它的思考方式是"由果及因"的分析法。

(2)项目群管理是多项目管理的主要管理方式。项目群管理是指将各个项目按照一定的项目成组原则进行分组,对于同一组中的项目进行统一管理的管理方式。项目分组的基本原则包括项目优先级、项目类别、项目管理的生命周期、项目复杂性等。

(3)多项目管理在管理的难度和复杂性上,要高于一般的项目管理。由于多项目管理的管理对象是多个项目,需要同时对多个项目进行计划、组织、监测和控制,这样增加了项目经理管理项目的难度。所以在多项目管理中,需要项目经理(部门经理)综合各种因素,然后根据这些因素的重要度来做出相应的决策。

1.2.2 项目群管理

目前,多项目管理的方法有项目群管理和项目组合管理(Project Portfolio Management,PPM)[11],两者具有非常相似的概念。

PMI将项目群管理定义为:为实现一定的利益,对一组相关的项目进行整合和管理,以获取各个项目单独管理时所不能取得的效益。而项目组合管理是指企业为增加效益,对正在实施或正在发起的一组项目进行统一协调管理,这些项目之间可能不直接相关。所以与项目组合管理相比,项目群管理强调项目之间必须有直接的联系,通过对项目群进行统一的协调和平衡,获得单个项目无法取得的效益。

项目群的目标主要有:满足共同的资源约束、达到共同的客户满意、提交共同的产品、实现共同的战略。相应的项目群类型有:面向资源约束型、面向客户型、面向产品型、面向战略型[130]。在我国的工程项目管理领域中,以面向资源约束型项目群为主。面向资源约束型项目群是受共同资源约束限制的一组项目的集合,通过对项目资源的合理配置,以改善项目的执行和实施。这里的资源可以包括人力、资金、技术、设备和场地等。项目群以资源约束为纽带,通过资源整合与优化,实现项目群管理目标。

项目群管理需要考虑的内容包括以下几类:

(1)识别哪些项目值得实施,哪些项目应该推后实施,甚至直接放弃。项目的识别和选择是项目群管理的首要问题,根据项目自身特点及项目间的相互关系,对项目群中的项目进行选择和排序,并确定项目群的构成,使得项目群的目标与企业的战略保持一致[150]。

(2)决定项目间如何共享有限的资源,包括人员、时间和资金。在项目群管理中存在这样的一个问题,即在资源有限的条件下同时启动多个项目时,由于这些在工作上的类似性等原因可能会在某一时间内对某一资源的需求特别大,这样就会造成资源的相对短缺。所以,在项目群管理中,需要有效平衡和协调企业内部的资源及其在项目群中的分配,并准确评价项目资源利用的有效性。

(3)认识项目间的相互依赖性,并动态编制项目群计划,确保必要的项目任务不会被无意识的遗漏,包括估算所有项目任务的工作量、评估各项目的风险、编制项目进度计划、人员的配置与职责设定、项目群实施方案的选择和确定。

(4)项目群执行过程的监控和整体绩效的评价,包括在项目群执行过程中实时监控各个项目的状态及实施情况。在项目群完工后,对项目群的绩效进行测量,对所有项目的相对价值和绝对价值做出评估,对各个项目的质量进行评价，将项目群整体绩效的测量结果与企业最高管理机构进行沟通，为确立战略方向和决策提供一个信息来源[140]。

1.3　软件项目管理

从概念上讲，软件项目管理是为了使软件项目能够按照预定的成本、进度、质量顺利完成，而对成本、人员、进度、质量、风险等进行分析和管理的活动[152]。从内容上讲，软件项目管理包括软件进度管理、软件成本管理、软件质量管理、软件风险管理和软件配置管理等内容。

1.3.1　软件项目的特点

由于软件项目的特殊性，使得软件项目管理的难度要大于传统项目。软件是对物理世界的一种抽象，是逻辑性的、知识性的产品，是一种智力产品[168]。软件项目的特殊性表现如下：

（1）软件开发至今没有摆脱手工的开发模式。软件产品基本上是"定制的"，所以软件项目的成本相当昂贵。软件开发需要投入大量复杂而高强度的脑力劳动[157]。

（2）软件项目不需要消耗大量的物质资源，主要使用的是人力资源[148]。软件是智力密集型产品，人的因素至关重要。软件项目的工作更多依赖于软件开发人员的素质和技术。一件软件产品中途换人即使有详尽的文档和注释，由于所掌握的技术和设计思想上的差异，别人也很难马上接着进行下一步的工作[160]。

（3）由于教育背景和工作经验等方面因素的不同导致了每个软件开发人员的技能有着较大的差异。同样的软件项目任务由不同的人员来完成，任务工期也会因为人员的技能不同而有所改变。

（4）项目工期估计不准确。由于软件产品的抽象性和复杂性，使得软件项目工期的估算只能依赖历史项目数据和管理者的经验，因而，估算得到的项目工期常常与最终得到的结果存在着较大的差异。

（5）在软件企业中，经常会遇到多个项目并行执行的情况。在有限的资源条件下，为了更有效地配置和使用组织资源，获取更高的利润，软件企业面临的是一个更为复杂的项目群管理的挑战。在多个软件项目并行实施过程中，项目之间为稀缺资源而竞争，在资金、时间、人力等资源方面往往存在争夺关系，进而增加了管理难度[143]。

（6）软件项目是设计型项目，其研发一般采用单件或小批量的生产方式。在单件或小批量设计型项目的调度管理中，项目任务除了按正常模式执行外，可以在满足项目截止日期和费用预算的条件下，适当调整任务的资源投入量，采取紧急模式或延迟模式执行；如果任务比较紧迫，可以增加技术员工或资金预算来缩短工期；相反，如果任务存在较多的机动时间，可以适当降低资源投入量来延缓工期，即在项目执行过程中，允许项目任务采用多种执行模式[137]。

1.3.2　软件项目管理的常见问题

自从软件开发生产活动成为一种行业在社会上出现的那一天起，软件项目管理就一直存在着大量各个层次上的问题。具体来说，软件项目管理上，一方面存在诸如项目开发进度控制失败、不能按时提交软件产品、开发出来的产品与最初用户需求定义的产品存在较大偏差等技术层面上的问题；另一方面也存在软件项目经理由于管理和沟通意识薄弱，对于项目中管理控制的把握不清等认识层面上的问题。

下面我们将对目前软件项目管理中几个具有代表性的问题进行说明、分析，然后给出各自的解决方案。

1. 软件项目进度难以控制，无法按照用户的要求及时提供软件产品

问题说明：在软件项目实施前，由于缺乏软件开发经验和相关数据的积累，使得软件开发工作的计划很难制订。在软件开发过程中，由于用户经常会对软件产品提出新的需求，所以原有的项目计划也必须作出相应的修改，这样就造成某些项目经理认为项目计划制订没有变化快，做项目计划只是走过场，因此制订总体计划时比较随意，不少事情没有仔细考虑；阶段计划因工作忙等因素而经常拖延，造成计划与控制管理脱节，无法进行有效的进度控制管理。

问题分析：任何一个项目的过程都是渐进明细的，但是这不能成为我们不进行项目计划的理由。如果缺乏项目计划，整个项目的进度将会完全失控，甚至无限期地拖延下去。在软件行业中，我们应该在项目开发过程中，根据用户需求的变化，随时对项目的计划进行修改。对于一些大型软件开发项目的工作分解结构（WBS）可以采用二次 WBS 方法。二次 WBS 方法是指在概要设计阶段完成总体 WBS，总体 WBS 只需要定义几个大阶段的里程碑即可，如详细设计里程碑、编码里程碑和测试里程碑等；而在概要设计完成后再划分针对详细设计和编码测试阶段的二次 WBS。这样做的目的在于：根据概要设计得到软件模块的合理划分，再依照软件的各个模块得出一个较为准确的项目计划。制

订项目计划的过程就是一个对项目逐步了解掌握的过程,通过认真地制订项目计划,我们就可以知道软件项目中哪些要素是明确的,哪些要素是需要明确的,通过渐近明细不断完善项目计划。只有这样才能真正使项目计划起到控制和有效把握项目进度的作用。

解决方案:认真做好项目计划,如有必要可以采用二次 WBS 这类较为先进的项目计划工具、方法和技术,并加强对开发计划、阶段计划的有效性进行事前事后的评估。

2. 项目开发出来的产品不能满足用户的需要

问题说明:软件开发前,对用户的需求不了解或了解不够深入。软件开发开始后,开发人员与用户没有进行充分的沟通,而开发人员之间也没有进行有效的沟通,特别是系统设计者和程序员之间、程序员与程序员之间的消息沟通不畅,使一些问题不能得到有效解决。等产品到了用户验证阶段,才发现项目完成的软件产品与用户原来需要的产品存在着很大的差异。

问题分析:在软件行业中,项目管理的负责人一般都是做技术出身,技术方面的知识比较深厚,但是他们可能不善于与人沟通,所以与用户制定软件需求方案时,可能无法准确理解用户的想法和要求。而项目组成员也都是"高科技人员",都具有"从专业或学术出发、工作自主性大、自我欣赏、以自我为中心"等共同的特点,这就造成软件开发人员各做各事、重复劳动,甚至造成不必要的损失。所以等到软件产品出来后,可能与用户原先需要的产品大相径庭。

解决方案:首先,制定有效的沟通制度和沟通机制,对由于缺乏沟通而造成的事件进行通报批评,以示教训提醒,以提高沟通意识;沟通方式应根据内容而多样化,讲究有效率的沟通。其次,使用先进的软件配置工具和软件变更工具,如 Rational 公司的 ClearCase 和 ClearQuest 工具,对软件配置和变更实行有效的管理。最后,在公司里推行现有的国际通行标准,通过一些诸如 ISO9002 或 CMM 标准的考核来提高公司软件项目管理的整体水平。

3. 项目团队内部分工不协调,资源配置不合理

问题说明:由于项目团队内部彼此间责任分工不明确,造成项目开展过程中,各开发人员互相推卸责任的现象,使整个开发团队缺乏团结协作的气氛,影响了项目的正常开展。同时,由于现在软件企业专业化分工越来越细,某一个计算机领域的专家可能对另一个领域一无所知,如数据库方面的专家可能对通信协议毫不了解。人力资源的这种薄弱的复用性将有可能成为资源不合理配置的原因。

问题分析:出现前一种情况主要是项目经理的责任,项目经理应当使用

WBS尽快地将工作内容进行分解,并将分解的工作责任分配给团队每一个成员,这样就可以按任务分清每个人的责任。而对于资源的不合理配置,我们可以采用矩阵式的项目管理方法(这也是国际上许多大型软件公司的做法)。矩阵式管理是指在公司内部实行产品线和行政线两条管理职能线。在行政上,可以按照员工掌握的技能来划分行政上的管理单位,如科室、部门、子公司等;而在产品线上,可以按照项目涉及的不同产品来划分,如MSS产品线、WDSS产品线等。如果需要,还可以将每一个开发人员分配到多个项目中,再对多个项目实行统一管理(这就是我们在下一节将要探讨的多项目管理),以期达到资源的合理配置。

解决方案:项目经理应当对项目成员的责任进行合理的分配并清楚地说明,同时应强调不同分工、不同环节的成员应当相互协作,共同完善,并且加强项目间的合作,避免或减少项目间的壁垒,在整个公司内部实现资源的合理利用和配置。

1.3.3 软件项目管理原则

1. 计划原则

计划原则是所有软件管理原则中最为重要的一个,在上面对"软件项目管理常见问题"的论述中我们就指出了认真做好软件项目计划是有效控制项目进度的重要保证。一个优秀的项目计划能够告诉你什么时候应该做什么,什么时候应该完成什么。由于没有计划或是计划过于粗糙、不切实际,很多项目1/3甚至1/2的时间花在返工上面,或是因为计划中遗漏了某一项关键任务,项目最终宣告失败。还有很多项目管理人员常常错误地认为"计划没有变化快",但实际的情况是,由于没有计划,你无法预测和估量变化给你的项目所带来的影响。一个好的项目计划应该能不断地适应变化,并且根据变化做出相应的修改和调整。此外,对于开发人员来说,"目标导向(Objective Oriented)"是充分调动其工作积极性的最佳方法,每一个阶段的成果能够将员工的工作效率维持在一个较高的水平。因为近期目标总是比远期目标更容易看到和达到。为此,需制订一个计划,并且认真地执行。

2. 质量保证原则

为了保证软件项目开发出来的软件能满足用户的需求,符合预先制定的软件项目质量标准,我们在项目开展过程中,对每一个阶段性的项目成果都要制定相应的验收标准。在现代软件企业中,一般采用项目评审会议的方式对项目质量进行控制。如果项目完成的相关文档(如项目需求方案、总体设计方案、详细设计方案等)没有通过项目组内的评审,就需要对相关方案进行修改和完善,直到通过这阶段的评审之后,项目组才能继续下一阶段的工作。作为项目经理来说,只有制定好每个任务的验收标准,才能够严格把好每一道质量关,同时了解项目的进度情况。

3. 效率原则

由于软件开发过程中存在着大量复杂的脑力劳动,所以提高软件开发人员的工作效率就成为缩短产品研发周期的主要手段。如果对项目进度不加以时间限制的话,工作就有可能无限延期。在软件开发中,如果没有严格的时间限制,开发人员往往比较懈怠,这是人的天生"惰性"所决定的。如何提高软件开发人员的工作效率呢? 首先要增加软件开发人员技术技能方面的培训;其次要实行先进的管理方法,特别是对项目管理者而言,此时应充分考虑到员工的工作效率和项目变更带来的负面影响,制定合理的项目工期并鼓动开发人员尽快完成。

4. 行业标准原则

为了克服软件危机,人们提出要用工程化的思想来开发软件,从此软件生产进入软件工程时代,国际上各大软件组织和协会也相继推出了软件行业的各种标准(如 ISO、CMM)。这些标准的建立和实施对软件行业的健康发展起到了重要的作用,中国的软件企业在近几年来也竞相加入了各种软件行业组织和协会,并且其中不少企业还通过了 CMM 3 级甚至 4 级认证。但是,这些通过国际认证的软件企业中,也有不少企业还是存在着软件开发效率低下、软件产品质量无法得到保证等问题,原因在于这些企业在硬件上可能是达到了软件行业标准;但是在软件上,特别是管理理念上与国外先进公司还存在着很大的差距。

所以,我们除了在企业的各项硬件设备上下功夫外,还需要不断加强软件项目管理的执行力度,提高项目管理水平。例如,我们为了能够有效地实施软件项目配置管理和变更管理,单单只是花钱购买 ClearCase 和 ClearQuest 等配置工具是远远不够的,还需要广大编程人员严格遵守各项编程规范和配置规范,严格按照 ClearCase 和 ClearQuest 等配置工具的操作流程来提交版本。特别是在编程过程中,以往编程人员可能无视各种行业规范,而刻意去追求某些"高深"的编程技巧,造成自己写的程序成为除了自己以外无人能够看懂的"天书"。所以说软件开发不需要高超的开发技巧,那是故弄玄虚的开发人员的伎俩。软件开发的美在于其简洁性和规范性,不在于高深晦涩的算法和技巧。正是由于我们缺乏行业标准,所以经常要承受客户的抱怨和无休止的返工[165]。

1.4　软件项目资源配置问题的研究现状

从 20 世纪 90 年代以来,国内外许多学者开始研究如何应用先进的管理技术和工具来帮助软件项目经理更好地进行决策,他们通过建立软件过程模型(Software Process Model,SPM)[103,163] 来描述和计划软件研发过程;运用软件项目模拟器(Software Project Simulators,SPS)[22,93] 来模拟在各种环境下软件项目执行的结果;应用专家系统(Expert Systems,ES)[19] 来诊断软件研发中可能出现的问题;通过神经网络(Neural Network,NN)[82,97] 来决定何时将软件产品交付至用户手中。但是,从近十年软件项目资源配置领域的研究成果来看,国内外该领域的研究都还处于初级阶段,不过,无论在理论上还是应用实践方面,国外都比国内要更为丰富和成熟。

1.4.1　国外软件项目资源配置问题的研究现状

国外对于软件项目调度问题的研究主要集中在软件项目任务分配问题[1,2,16,30,39,62,65] 和软件项目工期优化问题[15,32,42,76,98,102] 两大部分。

1. 软件项目任务分配问题研究

Acuña 等[1] 应用队列理论(Queuing Theory)和随机模拟来研究软件维护中技术员工的任务分配问题。他们将软件维护过程看作是一个先进先出(First-In-First-Out,FIFO)的队列,由于软件维护的工作一般是标准化的,从而认为软件维护人员的编程技能和经验都是相同的。Acuña 等[2] 认为软件项目经理在分配任务时一般考虑的因素包括"工作经验、启发式的知识、主观感觉和本能"。Huang 等[16] 研究了软件测试项目中的任务分配问题,该问题以最小化软件研发成本为目标,并应用软件可靠性增长模型(Software Reliability Growth Models,SRGMs)和拉格朗日乘数法对该问题进行了优化。

Duggan 等[30] 提出了一种基于遗传算法的多目标优化模型来处理软件任务分配问题。技术员工的技能等级通过平均每天所能完成的工作量以及完成代码中所包含的错误代码的比率来衡量,共分为 5 个技能等级。Tsai 等[39] 提出了应用关键资源图(Critical Resource Diagram,CRD)和 Taguchi 参数设计方法来对动态条件下的软件项目资源进行优化配置,使用 CRD 模型的原因是该方法更关注资源调度而不是任务调度。Tsai 等认为在构建模型时,需要考虑影响资源配置的各种随机因素,例如,项目任务的复杂性难以估算,只能当成随机变量来处理。技术员工的技能等级用平均每天所能完成的软件代码行数(Software Lines of Code,SLOC)来评价[39]。

Luis 等[62]应用最匹配资源(Best-Fitted Resource,BFR)方法研究了软件项目任务分配问题,该方法认为软件项目的研发任务是复杂的,员工必须掌握一定的技能才能完成相应任务。该方法以寻求项目的最佳资源配置方案为目标。Margarita 等[65]应用基于 Delphi 的形式模型对软件项目中的人力资源进行了优化配置。

2. 软件项目工期优化问题研究

在对软件项目工期优化问题的研究中,Jesús 等[42]提出了基于软件项目模拟器和进化算法的软件项目调度方法,该方法首先应用软件项目模拟器产生一组有关软件项目的模拟数据,然后应用进化算法对模拟数据进行处理并得出一系列决策规则。这些决策规则将有助于软件项目经理控制项目成本、缩短项目工期、提高项目质量。Pankaj 和 Gourav[76]提出了以最小化项目工期为目标的软件项目多技能员工任务分配模型,并设计了该模型所对应的启发式算法。Thomas 和 Stefan[98]提出了以项目质量、项目工期和项目费用为目标的软件研发项目调度问题,并提出了求解该问题的多目标进化算法。为求解该问题,Thomas 和 Stefan 构建了离散任务模拟模型,将软件研发人员分为编程人员和测试人员,人员的技能包括编程技能和测试技能;而软件研发项目由编程、内测、内测返修、测试和测试返修五个任务构成;除了测试任务外,其余任务均由编程人员完成,但编程人员不能对自己完成的代码进行内测。

Alba 和 Chicano 在[32]研究了基于遗传算法的多技能员工受限的软件项目调度问题,该问题以最小化项目工期和项目费用为目标,并应用任务时序图(Task Precedence Graph,TPG)对软件项目进行建模。作者在该文献中假设所有员工所具备的技能不同,任务所需的技能也不一样,任务所需的工作量以(人·月)为单位,而任务的工期等于工作量与参与该项任务的技能员工人数之比。Chang 等[15]应用遗传算法对软件项目进行调度优化,在对技能员工的配置问题上,他们应用了基于时间轴(Time-Line)的模型,该模型将项目工期分为若干个长度相等的时间单元,员工可在某个时间单元内选择自己所合适的项目任务。此外,Virginia 和 Analia[102]设计了基于知识的遗传算法,并将该算法用于多技能员工受限的软件研发项目调度问题中。

1.4.2　国内软件项目资源配置问题的研究现状

与国外相比,目前国内有关软件项目资源配置问题的研究成果[104,114,115,126,141,142,162,166,169,171]则更为有限,且主要应用遗传算法[114,115,126,141,169]对该问题进行求解。

张海梅等[166]建立了基于马尔科夫决策过程的软件项目调度模型。该调度模型以最小化项目工期和费用为目标,然后利用基于逆序动态规划的迭代算法对该问题进行了求解,并得到该随机调度模型的最优策略。葛羽嘉和Chang[115]对基于任务的软件项目调度模型和基于时间轴的软件项目调度模型进行了对比,发现基于时间轴模型比基于任务的模型更灵活,而且支持的参数更接近现实,但是它的不足是计算量太大,所以更合理的做法仍然是用二维建模,但是尽量保留时间轴模型中合理的方面,包括人员学习曲线等。赵娜等[162]提出了基于第二代系统动态发展模型(System Dynamic Developmnent Model,SDDM)的软件项目资源优化配置方法。在该方法中,以模糊集理论来描述软件开发人员的能力,并在资源优化配置时,综合考虑了人员的并行度和平衡度。

张力等[169]应用权重法建立了软件项目资源优化模型。该模型以项目总工期和项目总成本作为优化目标,其中项目总工期是指在确定周期下的关键路径长度,项目总成本主要包括软件开发过程中的管理费用和研发费用;然后设计了该问题所对应的遗传算法,在算法设计上,采用任务执行矩阵作为染色体,任务执行矩阵涵盖了任务规划和资源配置两部分内容,克服了传统二进制染色体的局限。荣怡雯等[142]在分析软件开发企业多项目环境下人力资源配置中存在的问题、难点和原因后,提出了人力资源转移隐性成本的概念,并为软件开发企业在人力资源配置方面提出了建议。

张翔等[171]研究了资源受限的软件项目模糊调度问题,该问题假设每项任务仅需要一种技能,技术员工也仅考虑一种技能,且技术员工的技能水平由以往的工作经历、参加的培训和取得的资格证书等指标来评价,分配给任务的员工技能水平必须满足任务的技能等级要求,该问题以最小化项目工期为优化目标;然后提出了一种基于模糊理论的遗传调度算法,该算法以模糊数表示任务的工期,以一条符合时序关系的任务链表作为染色体;最后通过一个真实的软件项目案例验证了该算法的有效性。任守纲等[141]建立了软件项目人力资源调度模型,该模型引入了人力技能熟练程度参数和任务完整度约束因素,并利用遗传算法对该模型进行求解。此外,Xie等[104]应用关键链项目管理(Critical Chain Project Management,CCPM)方法分析了软件研发项目中的资源受限项目调度问题,并利用基于启发式算法的优先调度方法对软件项目进行调度优化。高世刚[114]研究了软件项目资源配置问题,并建立了相应的数学模型。该模型以优化项目时间和成本为目标,并采用了技术员工技能矩阵,使不完全符合技能约束的员工也能加入到任务的调度中。在算法设计上,作者设计了一种基于云模型的遗传算法,并采用串行调度方案对染色体进行编码,最后通过案例验证了云遗传算法相比自适应遗传算法能取得更好的优化效果。

1.4.3 研究现状评述

通过上述软件项目资源配置问题的研究现状可知,目前国内外对软件项目的资源优化主要采用三种方法:一是精确求解方法,二是启发式方法,三是智能优化方法,归纳如表 1-1 所示。

表 1-1 现有研究成果的分类

问 题	方 法	文 献
软件项目任务分配问题	精确求解方法	[16],[62]
	启发式方法	[39],[162]
	智能优化方法	[30],[114]
	其他方法	[1],[2],[66],[142]
软件项目工期优化问题	精确求解方法	[166]
	启发式方法	[76],[104]
	智能优化方法	[15],[32],[42],[98],[102],[115],[126],[141],[169],[171]

精确求解方法主要包括分支定界算法、拉格朗日乘数法、动态规划方法等,利用精确求解方法一般能求得问题的最优解,但是计算量过大,通常只有在项目任务数不超过 60 个时才能在可接受的时间内求得最优解;启发式方法能基于一定的启发规则快速得到问题的解,计算速度快,但不能保证解的质量,对于不同的项目调度问题需要设计不同的启发规则,方法通用性较差;智能优化方法由于有适用面广、易于计算机实现等特点,目前已经成为求解软件项目资源配置问题的主流方法。

目前国内外对于软件项目资源配置问题的研究还存在以下不足:

(1)软件项目资源配置问题的理论研究大多集中于单个软件项目的调度优化上,尚未形成能有效处理软件项目群资源配置问题的方法体系。同时对于所设计的算法,缺少算法适用域的分析及算法收敛性的定量研究。

(2)已有文献都假设软件项目的任务只有一种执行模式,而在实际工作中,由于项目延期,往往需要赶工来加快项目进度,需要在多个执行模式中进行选择,而对于多模式软件项目资源配置问题研究较少。

（3）尽管现有的软件项目资源配置问题的模型有了许多扩充性，但还欠丰富，与实际问题还存在距离。尤其对于多目标软件项目资源配置问题的建模研究，现有的文献主要还是集中在项目工期和项目费用上，对于资源均衡考虑较少。

第 2 章　软件项目群资源配置体系的构建

2.1　软件项目群管理

2.1.1　软件项目群管理的特点

由于软件产品的特殊性,软件企业在应用项目群管理理论对其研发项目进行管理时,往往表现出不同于一般工程项目的特点:

(1)单个软件项目的开发成本和进度难以估算,在激烈的市场竞争条件下,客户要求软件产品的交货期越来越短,而由于软件需求不稳定,需求总是在项目开发过程中,所以随着软件研发人员和客户的不断交流而变动,从而造成估算结果不准确。

(2)项目总量大以及并行项目个数多。软件产品大多属于定制化产品。不同客户所定制的软件,需要根据不同的客户需求和目标,采用不同的开发方法、工具和语言,利用特定的硬件配置,在特定的系统软件和支撑软件所构成的开发环境下进行研制,所以软件产品具有独一无二的特点,几乎找不到与之相同的软件产品,因而项目总量较大,且并行开发的项目数较多。

(3)项目相似度高。软件产品虽然各有不同,但是不同软件的研发过程相似,所需资源基本相同,因而项目之间的相似度很高。

(4)项目资源在不同项目间的竞争性强。由于并行项目的相似度较高,项目中的人员、设备和资金等资源在项目间存在较多的竞争与共享。在软件项目群管理中,人力资源配置问题尤为突出。

(5)不确定性。由于客户需求的变化,新的研发任务的不断涌入,技术员工的离职,测试设备的损坏,研发资金的匮乏等不确定因素的影响,使得软件企业的项目群管理具有无法准确估计工期或成本的特点。这些不确定性加剧了软件项目群管理的难度。

　　由于在一个软件企业内部,经常会有多个软件项目同时实施,所以对于一个软件企业来说,实施项目群管理具有非常重大的意义。那么,在软件行业中如何应用项目群管理呢?

　　(1)软件复用与管理组织变革(MOC)是达成项目群管理的一个有利途径,能够缓解项目群管理对资源的争夺,解决项目群在时间、资源方面的过载问题,同时亦能解决项目群沟通的效率问题。软件复用的一个常用方法就是软件的模块化和标准化,不过对于没有技术积累的软件公司来说,很难做到这一点。

　　(2)利用关键资源法。在进行多项目管理中,尽量错开项目间在同一时间对关键资源(多项目资源集合的交集,如软件开发人员)的争夺[148]。为了使关键资源保持在非过载状态,可以有两种常用方法:一种是增加关键资源的数量,但是这样通常会增加项目成本;另一种就是引入项目优先级,优先级高的项目优先占用关键资源,但是为了避免出现关键资源死锁,优先级高的项目不能无限期地占用关键资源,一旦占用时间过长,需要将关键资源的占用权转交给优先级较低的项目。这一种方法虽然能保证项目成本不增加,但是不可避免地会影响项目的工期。实际场合中应在成本和时间中进行权衡。

　　(3)在对项目进行分组时应遵循"相似性"原则,以优化资源配置,这主要体现为同组的项目所需的软件技术相似。技术相似有利于减少同组开发人员的培训成本,提高相关技术复用率,对多项目管理的效率能有很大的提高。例如,将.Net项目与Java项目分开管理。

　　在实际的项目群管理活动中,更多的情况是项目经理(部门经理)根据项目的实际情况进行相应的项目资源占用取舍,这往往需要项目经理(部门经理)综合各种因素,确定这些因素的重要度来做出相应的决断。但需要指出的是,解决资源(人、材、时间)问题才是解决项目群管理问题的关键。

2.1.2　软件项目群管理的过程

　　为保证软件项目群中所有的项目都取得成功,必须清楚所有项目的工作范围、要完成的任务、需要的资源、需要的工作量、进度的安排、可能遇到的风险以及各项目间的依赖关系等。软件项目群管理的工作在技术工作开始前就应开始,而在软件从概念到实现过程中继续进行,且只有当所有软件项目均交付完毕后才能结束。软件项目群管理的过程如图2-1所示。

　　1.定义和选择项目群

　　软件企业首先应从多个备选项目中选择若干个项目组建项目群,并建立一个专门的知识库来记录全部待实施项目的细节,包括项目的目标、范围和类型

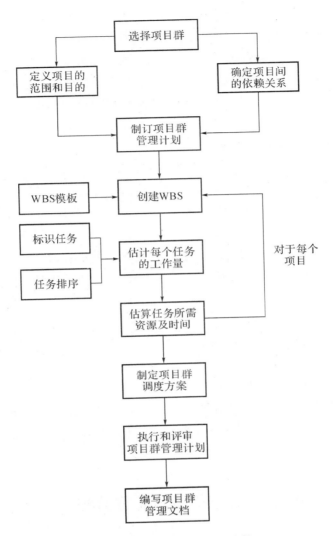

图 2-1　软件项目群管理过程

等。项目群中的项目是新产品开发项目还是改进项目,前者的可交付成果是要卖给客户的产品,如网络游戏;后者是改进组织运营方式,如 ERP 项目。通常,新产品开发项目在连续开发新产品和服务的组织中更为常见。改进项目可能不太常见,由于开发此类项目的经验较少,自然风险也会大一些。新产品开发项目更容易找到资金,因为项目和收入之间的关系非常清晰。在这两种类型的项目都需要相同的资源的项目群中,争论往往很激烈[88]。

2. 确定项目间的依赖关系

软件项目之间经常有物理和技术上的时序依赖关系,例如,只有当底层支撑系统项目完工后,才能启动业务系统研发项目。在项目群中的项目并行运转而且彼此相互传递产品的情况下,项目间的时序依赖关系会变得较为复杂,这时需要用依赖关系图来说明项目间的依赖关系,依赖关系图非常类似于项目级的任务时序图。

3. 制订项目群管理计划

项目间的依赖关系确定后,就可以考虑项目群管理计划了。项目群管理计划包括估算项目群所需要的工作量、估算项目群所需要的资源、制定项目群调度方案、做出配置管理计划、做出风险管理计划和做出质量保证计划等工作。

4. 跟踪和控制项目群管理计划

在软件项目群进行过程中,应严格遵守项目群管理计划。对于一些不可避免的变更,可以进行适当的控制和调整,但要确保项目群管理计划的完整性和一致性。

5. 评审项目群管理计划

对项目群管理计划的完成程度进行评审,并对项目群的执行情况进行评价。

6. 编写项目群管理文档

项目群管理人员根据软件合同确定软件项目群是否完成。项目群一旦完成,则要检查项目群完成的结果和中间记录文档,并把所有的结果记录下来形成文档保存。

2.2　软件项目资源分类及其特征分析

软件项目资源是指软件项目策划与实施过程中所需的各类资源,是软件企业投资项目群的必要约束条件,因而必须优先考虑。软件项目群所需的资源可以分成以下八个大类:

(1)人力资源。它是指开发项目组的成员,根据项目的整个生命周期,将人力资源细分为项目管理人员、系统分析人员、软件设计人员、编码人员、测试人员和配置管理人员等。

(2)技术资源。它是指软件企业拥有的专利技术以及在项目的完成过程中积累的各种技术文档如系统分析说明书、系统设计说明书、测试文档等。

(3)设备资源。它主要包括工作站以及其他测试和办公设备。

(4)材料资源。对有些项目而言,材料资源也必须考虑在内,例如要广泛分发的软件可能要求提供专门封装的光盘。

(5)场地资源。在项目测试或试运行过程中,需要一定的场地来搭建测试系统或平台。

(6)时间资源。时间是可以由其他主要资源弥补的资源,有时可以通过增加其他资源来减少项目时间。但是,如果其他资源意外减少,几乎可以肯定要延长项目时间。

(7)资金资源。它包括全职研发人员的工资及奖金,兼职人员的酬金,这些常常基于员工完成的周工时记录按周或按月支付。另外,还包括购买或使用其他资源所产生的费用,这部分费用通常按照"实用实收"的原则计算。

(8)服务资源。有些项目要求获取专门学科的服务,例如广域分布式系统的开发要求计划好长途通信服务。

根据资源的不同类型和特性,软件项目资源基本上可以分为可更新资源与不可更新资源。可更新资源在每个时刻的供应量都是有限的,并不随项目的进展而消耗,如人力、设备等;不可更新资源是在项目启动时以总量出现,并随着项目进展逐渐消耗的资源,如材料、资金等[119]。

2.3　软件项目群资源配置过程

2.3.1　软件项目 WBS 及其实例

软件项目的工作分解结构(Work Breakdown Structure,WBS)是指依据易于管理、易于检查的原则,将一个软件项目分解为若干个内容单一且相对独立的任务或作业的过程[158]。软件项目的 WBS 有许多种分解方法,如按照专业划分、按照子系统划分、按照项目不同的阶段划分等,以上每一种方法都有其优缺点。一般情况下,确定项目的 WBS 需要综合以上几种方法进行,在 WBS 的不同层次使用不同的方法[168]。

1.按专业划分

按照专业划分项目,应当说这是一种最自然的划分方法。比如,在计算机管理信息系统(MIS)中,通常把主机硬件和软件分为不同的子系统;又比如,在进行一个涉及硬件、网络、操作系统、数据库软件、中间件和应用系统的软件项目开发时,假定在 WBS 的顶层按照专业将项目分为硬件和软件,在硬件中分为主机和网络,在软件中,把应用系统软件与采购的 OS、数据库、中间件分开。在应用软件中,把自主研发和由委托分包方开发的软件分开,并按照这种划分确定一个硬件和网络子项目经理、一个软件子项目经理。按照这种划分方法,在确定项目网络图时就会出现一系列的硬件子项目和软件子项目。总项目经理则负责协调这两个子项目经理之间的配合。

　　2.按阶段划分

　　按照项目的不同阶段划分 WBS 有利于软件项目经理对项目阶段性成果进行有效控制。对于不确定性因素较多的软件项目,项目的最终成果往往是不可测的,这时就可以通过对软件项目研发中得到的阶段性成果(如系统需求说明书、系统设计说明书和系统测试说明书等文档)的质量进行控制,来提高软件项目的成功率。

　　例如,按照软件生命周期模型中的瀑布模型可以将客户关系管理系统分解为需求分析、总体设计、详细设计、系统编码、系统测试、系统实施和系统发布等不同的阶段,每个阶段可作为该项目的一项任务。

　　3.按子系统划分

　　将一个系统按一定的界定方法分解为若干个子系统,是人们在长期实践中确定的一种分类方法。正由于系统之间的界定比较清楚,因此按照子系统对项目进行划分更容易界定子项目的范围,在项目实施过程中更容易控制结果[113]。

　　在软件项目中,通常可以按照功能模块或业务类别将一个复杂的项目细分为若干个独立的子系统。例如,库存管理系统按功能模块可以划分为入库、出库、盘点、供应商管理和存货管理等子系统。电子商务系统可以按业务类别划分为界面处理类、数据库处理类、业务处理类、接口类等子系统。当然,子系统是一个相对的概念,子系统还可以被分解为更小的子系统。

　　由于软件项目的相似度较高,为了快速准确地创建 WBS,可以先将软件项目进行归类,如 WEB 网站建设类、OA 系统研发类、ERP 系统研发类、网络游戏开发类等,然后针对每个类别制定相应的 WBS 模板。不同的软件项目按照其类别,选择适当的模板快速创建 WBS。

　　这里以一个简单的企业资源规划(Enterprise Resource Planning,ERP)精品课程网站建设项目的工作分解结构为例,来说明软件项目工作分解结构的编制过程。在第一阶段按软件项目生命周期的不同阶段将项目工作分解为项目规划、需求分析、系统设计、系统开发、系统集成和系统发布 6 个工作任务。在第二阶段按子系统对工作任务做进一步的细分,例如,系统开发任务可细分为用户管理、网上课堂、在线考试和论坛 4 个工作任务。如果任务比较复杂,继续按子系统对第二阶段的工作任务进行细分,例如,网上课堂任务可细分为信息发布编码、课件资源管理编码、作业管理编码、教师管理编码、网上课堂单元测试 5 个工作任务。该 ERP 精品课程网站建设项目的 WBS 如图 2-2 所示。

2.3.2　软件项目任务管理及其实例

在创建 WBS 后,需要进行项目任务管理,包括标识项目任务、排列任务顺序、估算任务的工作量、估算任务所需的资源需求量和时间等。标识项目任务是确定和描述项目的特定任务,并形成项目任务清单的过程。标识项目要完成的所有任务,有助于保证已经考虑到需要执行的所有事项,并排除超出项目的活动,发现原有 WBS 的不足。

标识项目任务的工作完成后,就可对项目任务进行排序。项目任务排序是指识别项目任务清单中各项任务的相互关联和时序关系,并据此对项目各项任务的先后顺序的安排和确定工作。在对项目任务的调度中,一般使用紧前任务和紧后任务来表示任务间的时序关系,项目任务排序具体可针对软件项目的不同特征,应用网络计划技术[135]创建项目网络图,来表示必须执行的任务及执行的次序。

随后估算项目任务的工作量。对于软件项目,可以先使用软件代码行数 SLOC 来表达要完成的任务工作量,然后将 SLOC 估计值乘以一个复杂度和技术难度因子,最后应用以往类似项目的历史数据来确定将带权重的 SLOC 转化为工作量的比率,完成软件工作量的估算。现在较为常用的软件项目工作量估算方法有 COCOMO 模型和 COCOMOII 模型[13]。软件项目的工作量一般用工作周数或工作月数为度量,即以(人·周)或(人·月)为单位,例如,某软件模块估算得到的工作量为 10(人·周),表示该模块需要 1 个开发人员 10 周才能完成,如果分配 2 个开发人员共同开发该模块,则大致需要 5 周。所以在工作量估算完成后,需要先分配资源,随后才能估算项目任务的时间。

产生资源分配计划的第一步是估算任务的资源需求量,并得到资源需求列表。资源需求列表应列出完成项目任务所需的资源种类、数量,对于人力资源,还需要列出完成任务所必须掌握的技能。生成资源需求列表后,下一步是根据项目组现有的资源数量,形成初步的资源分配计划,然后评估项目期间所需要的资源分布。如果评估发现初步的资源分配计划存在资源不均衡的问题,即在项目实施过程中,某种资源的需求量超过了其资源容量,则通过延迟某些任务的开始时间来减少资源的最大需求程度,并形成最终的资源分配计划。

图 2-2 所对应的实例经项目任务管理后得到的任务明细如表 2-1 所示。

表 2-1　项目任务关系表

任务编码	任务名称	紧前任务编码	紧后任务编码	任务工期（人·月）
111	项目计划		112	2
112	计划评审	111	121	1
121	可行性研究	112	122	1
122	用户需求分析	121	123	3
123	编写需求规格说明	122	124	2
124	需求验证	123	131,132,133	1
131	功能模块设计	124	134	4
132	数据库设计	124	134	2
133	用户界面设计	124	134	2
134	设计评审	131,132,133	1411,1421,1431,1441	1
1411	用户登录编码	134	1412	1
1412	用户注册编码	1411	1413	1
1413	个人信息管理编码	1412	1414	2
1414	用户验证单元测试	1413	151	2
1421	信息发布编码	134	1422	2
1422	课件资料管理编码	1421	1423	2
1423	作业管理编码	1422	1424	2
1424	教师管理编码	1423	1425	2
1425	网上课堂单元测试	1424	151	2
1431	试卷更新管理编码	134	1432	2
1432	试卷评分编码	1431	1433	1
1433	在线考试单元测试	1432	151	1
1441	论坛	134	1442	2
1442	论坛单元测试	1441	151	1
151	系统集成测试	1414,1425,1433,1442	152	4
152	验收测试	151	161	4
161	部署	152	162	2
162	验收提交处理	161		2

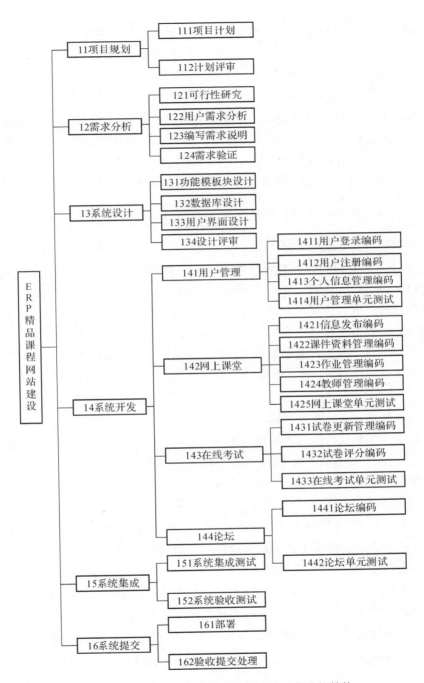

图 2-2　ERP 精品课程网站建设项目的工作分解结构

最后计算项目任务的工期和各项时间参数。常用的时间参数包括：最早开工时间(Early Start Time,EST)、最早完工时间(Early Finish Time,EFT)、最迟开工时间(Lately Start Time,LST)、最迟完工时间(Lately Finish Time,LFT)和松弛时间(Fluctuate Time,FT)等。

由于软件项目之间的相似度较高，项目组在对这类项目的任务进行管理时，将项目任务所需的工作量与资源相似的任务提取出来，形成标准任务。由于标准任务与实际进行的项目任务之间不可能完全相同，所以在进行工作量估算和资源配置时，还需综合考虑项目任务的复杂度和技术难度等因素。

2.3.3 软件项目群资源配置框架分析

由于软件生产是一项高度复杂、充满变化的社会性群体活动，面临着来自人员、客户、成本、时间、外界环境等诸多方面的风险。需求是软件开发的重要部分，是成本估算、计划制订以及设计和测试的基础[107]，对此，我们提出面向需求管理的软件项目群资源配置框架，如图 2-3 所示，图中的双向箭头表示不同系统间的数据和信息交流。该框架以项目群管理系统为核心，包括需求管理、过程管理、文档管理，在此基础上对软件项目群进行任务分配及资源优化。

在该框架中，软件企业各系统之间业务或信息的交互主要分为以下两种方式。

1. 以软件需求为基础，版本控制为纽带

需求分析是软件生命周期过程的第一个阶段，良好的需求分析不仅能提高软件质量，而且能有效缩短项目开发周期，并降低开发费用。需求管理是能力成熟度模型(Capability Maturity Model,CMM)可重复级的第一个关键过程域，其主要目标是在客户和实现客户需求的软件项目之间达成共识；控制软件系统的需求变更，为软件工程和管理建立基准线；保持软件计划、产品活动与软件需求的一致性。需求管理过程和软件开发过程是并行的，且贯穿在整个软件开发的生命周期之中[121]。

另外，软件需求由于客户、环境等因素的变化不可避免地会发生变更，为使项目组内的每个开发人员都能及时得到需求的最新版本，避免不同开发人员出现开发冲突和需求误传，需要对软件进行版本控制。需求版本控制是指确定软件需求和需求文档的版本，它是有效进行需求变更控制的前提。

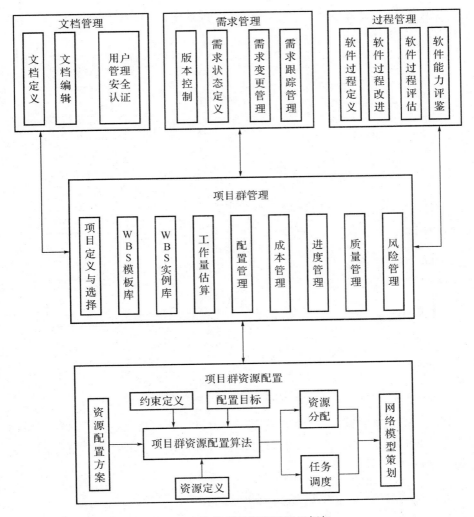

图 2-3　软件项目群资源配置框架

2. 以项目任务为基础，以软件过程为纽带

软件项目以及项目任务之间的联系并不是孤立的，而是按照一定的过程进行的。所谓软件过程，简单说就是建立、维护和进化软件产品的整个过程中所有技术任务和管理任务的集合，也称为软件生命周期过程。

通常我们可以将软件过程分解为需求分析、系统设计、系统编码、系统测试、系统实施和用户验收等任务。在任务的实施过程中，将使用或产生一系列的产品。产品的形式表现为不同类型的文档，包括说明书、源代码、用户手册和培训材料等。例如，在系统设计前，需要先得到软件需求规格说明书，然后按照需求规格说明书进行系统设计,并最终得到系统设计说明书,具体如图 2-4 所示。

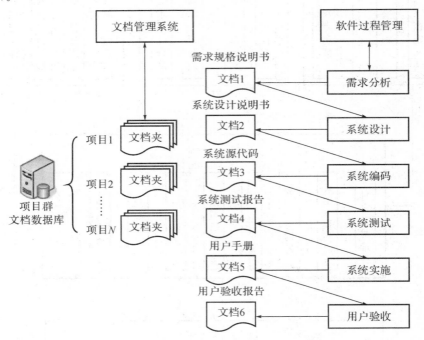

图 2-4　软件项目群的流程化实施过程

通过以上两种方式,软件企业就能通过项目群管理将企业多个系统统一起来。在对项目群进行调度时,能有效对项目资源进行调度和优化。具体的配置过程见下一节。

2.3.4　软件项目群资源配置过程分析

软件项目群的资源配置过程可分为以下六个步骤,具体如图 2-5 所示。

1. 标识和选择项目群

标识和选择要实施的项目群,并分析各项目间的依赖关系;然后通过 WBS 将项目分解为若干项任务,确定任务与任务之间的时序关系;最后估算项目任务的工作量和资源需求。WBS 不仅是资源需求种类和数量估算的依据,同时也是制作网络计划图的基础[125]。

2. 创建各项目的项目网络

根据项目任务的时间特征,选择适合的项目网络建模策略创建项目网络。如果项目任务的工期是确定的非负数,可用确定性网络模型(AON,AOA)对其

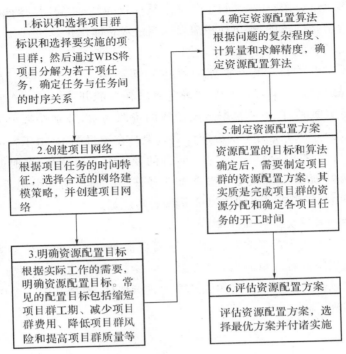

图 2-5   软件项目群调度过程

进行建模；如果项目任务的工期不确定，但知道工期的概率分布，则可用随机网络模型（PERT，关键链网络）对其进行建模。如果项目任务的工期不确定，也不知道工期的概率分布，可用不确定性网络模型（模糊 PERT，模糊关键链网络）对其进行建模。

3. 明确项目群资源配置目标

根据实际工作的需要，明确项目群的资源配置目标。在项目群管理的实际工作中，常见的资源配置目标包括缩短项目群工期、减少项目群费用、降低项目群风险和提高项目群质量等。在确定资源配置算法前，首先要确定目标是其中一个，还是有多个。另外，由于这些目标之间都存在着矛盾，即缩短项目群工期，往往会增加项目群费用；减少项目群费用，通常会降低各项目的质量，所以还需要确定各目标的优先次序。

4. 确定项目群资源配置算法

根据问题的复杂程度、计算量和求解精度，确定项目群资源配置算法。目前常用的资源配置算法包括精确求解方法、启发式算法和智能优化算法。如果项目群的网络结构较为简单，问题的约束条件较少，但要求的求解精度较高，则可使用精确求解方法;如果项目群的网络结构较为复杂,问题的约束条件较多,但要求的求解精度较低,则可使用启发式算法或智能优化算法。

5. 制定项目群资源配置方案

项目群的配置目标和配置算法确定后,需要制定项目群的资源配置方案,其实质是完成项目群的资源分配和确定各项任务的开工时间。在制定项目群的资源配置方案时,首先可根据各项任务的资源需求,分别在每个项目在资源池中选择资源并初步制订资源分配计划。但是在项目群中,由于资源约束的存在,多个项目会对同一种资源在某个时刻的使用上产生竞争,这时就需要通过一定的方法(如追加资源或是合理调整任务开工时间以错开资源需求高峰)来消除资源冲突,并形成最终的项目群资源配置方案。

6. 评估项目群资源配置方案

完成项目群资源配置方案后,需对项目群资源配置方案进行评估。对于多目标项目群资源配置决策问题,往往会产生多个项目群资源配置方案,这时就需要项目经理对各个项目群资源配置方案进行评估,选择其中一个作为最优方案并予以实施。

第3章 软件项目群的工作量估算及风险管理

3.1 软件项目估算

在软件项目计划中,软件项目的估算是其中非常关键的一项工作,因为估算能够提供一些软件项目费用和进度的预测数据,而这些数据常常是项目经理对项目进行有效的监督和控制的重要保证。

在软件企业中,项目经理经常会遇到软件开发人力不足、无法按照预定的进度完成项目的开发工作等问题,所以在软件项目计划中,对软件项目开发所需的各项资源、成本和进度做出合理的预算就显得尤为重要了。

软件项目估算是一种预测技术,它试图预测软件项目各项工作任务所需要的工作时间、成本以及完成各项任务的跨度时间(进度)。软件项目估算根据估算对象的不同,一般可以分为对软件产品工作量的估算、对软件项目成本的估算、对软件项目进度的估算、对项目的关键计算机资源的估算和对软件风险的估计等方面,下面分别通过各自的估算内容和估算结果来加以论述。

1. 对软件产品的工作量估算

软件产品根据不同的分类标准可以分为运行软件和支持软件、需交付和不需交付(如自测软件)的工作产品、软件和非软件(文档)产品。这些软件产品的工作量估算一般包括软件的功能点、代码行、需求数和文档页数等。估算的结果可以是代码行(LOC)、工作量(FP)和文档页数等。

2. 对软件项目的成本估算

软件项目的成本估算一般与软件产品的工作量估算有关。

软件项目成本估算的主要内容包括人员的工资、管理费用、差旅费用和计算机设备购买以及折旧费用等。

3. 对软件项目进度的估算

软件项目的进度估算与软件工作产品的规模估算、软件工作量和成本的估算有关。

软件项目的进度估算的内容包括估算完成项目的时间长度、确定里程碑和重要评审点的日期。

软件项目的进度估算结果一般为软件项目进度表（含里程碑和重要评审点的时间）。

4. 对项目的关键计算机资源的估算

对项目的关键计算机资源的估算与软件工作产品的规模、运行处理负载和通信量的估算有关。

对项目的关键计算机资源的估算主要包含计算机的存储、运算、数据吞吐能力，软件许可协议等内容。

对项目的关键计算机资源的估算结果一般为关键计算机资源需求清单。

5. 对软件风险的估计

分析风险可能对软件项目估算造成的影响，并根据需要对软件项目估算结果进行修改。在一般情况下，软件项目估算的最大风险是需求的变更，需求的变更会引起软件产品规模估算的可信度，进而影响软件项目成本、工作量、进度、关键计算机资源估算的准确性。

目前有三种常用的软件项目规模的估算方法：分析法、综合法和比较法。

（1）分析法就是先对整个项目的总开发时间和总工作量做出估计，然后把它们按阶段、步骤和工作单元进行分配。

（2）综合法则与分析法正好相反，分别估算各个阶段工作的开发时间和工作量，然后相加得到整个项目总的开发时间和工作量。

（3）比较法则是将项目与以前开发过的类似项目进行比较，找出相同点和不同点，并估算出各个不同点对本项目开发时间和工作量的影响，由此得到本项目的开发时间和工作量。

3.2　软件项目群的工作量估算

结构性成本模型 COCOMO(Construction Cost Mode)是当前最精确、最方便的软件项目工作量估算方法之一。COCOMO 估算模型可以分为基本 COCOMO 估算模型和中级 COCOMO 估算模型。基本 COCOMO 估算模型主要用于软件费用的估算，它只有一些参数和简单的公式，算出 E（工作量估算值），然后折合为软件成本；中级 COCOMO 估算模型看起来与基本差不多，但它多了 15 个调整系数,通过对这 15 个调整系数的研究调整来反映软件成本的真实状态。

基本 COCOMO 估算模型公式为:

$$E = a_b \text{KLOC}^{b_b}$$
$$D = c_b E^{d_b}$$

其中,E 为开发所需要的工作量(人·月);D 表示开发时间(月);KLOC 为以千行为单位的代码指令数量;a_b、b_b、c_b 和 d_b 为不同项目的参数,具体的取值如表 3-1 所示。

表 3-1　基本 COCOMO 估算模型参数

软件项目	a_b	b_b	c_b	d_b
独立模式	2.4	1.05	2.5	0.38
半分离模式	3.0	1.12	2.5	0.35
嵌入式模式	3.6	1.2	2.5	0.32

中级 COCOMO 模型是对基本级 COCOMO 模型的扩充,它考虑了一组"成本驱动因子",它们可以被分为四个主要类型:产品属性、硬件属性、人员属性及项目属性等(共 15 个属性)。这些属性在 6 个级别上分别取值,根据取值级别,可由 Bohem 提供的表来确定工作量系数,将所有的工作量系数相乘就是工作量调整因子 EAF(Effort Adjustment Factor)。

中级 COCOMO 模型公式为:

$$E = a_b \text{KLOC}^{b_b} \times \text{EAF}$$
$$D = c_b E^{d_b}$$

其中,a_b、b_b、c_b 和 d_b 的取值如表 3-2 所示。

表 3-2　中级 COCOMO 估算模型参数

软件项目	a_b	b_b	c_b	d_b
独立模式	3.2	1.05	2.5	0.38
半分离模式	3.0	1.12	2.5	0.35
嵌入式模式	2.8	1.2	2.5	0.32

在软件行业的项目群管理中,对多个项目的软件估算是非常重要的一项工作。因为无论是对软件项目的风险分析或是风险应对,还是我们在以后章节中所要阐述的软件项目资源配置与优化,都需要使用软件估算所得到的项目成本和工作量的预测数据,所以在这一章里,我们着重来论述项目群环境下的软件估算。

3.2.1　软件项目群的工作量估算方法

在项目群环境下,对软件项目的工作量、成本及进度进行估算时,我们发现由于各个项目之间存在着一定的相似性,所以完成所有项目总的工作量有可能小于所有单个项目工作量估算值的总和。

为了解决多项目工作量、时间的估算问题,我们在基本 COCOMO 估算模型的基础上,提出了适用于软件项目群工作量估算的 COCOMO 改进模型。

适用于软件项目群工作量估算的 COCOMO 改进模型如下:

$$E_i = a_b \mathrm{KLOC}_i^{b_b}$$

$$E = \sum_{i=1}^{n} \lambda_i E_i$$

$$D = c_b E^{d_b}$$

其中,E_i 为单独完成第 i 个项目的工作量估算值;E 为同时完成所有项目的工作量估算值;D 为同时完成所有项目所需要时间的估算值;$\lambda_i \in [0,1]$,$i = 1$,$2,\cdots,n$;a_b、b_b、c_b 和 d_b 的取值如表 3-1 所示。

λ_i 为项目 i 的相关性系数,一个项目的相关性系数与该项目所包含的通用模块数占项目总模块数的比值有关。我们选取所含的通用模块数占项目总模块数比值最高的项目为基准项目,基准项目的相关性系数为 1,其他项目的相关性系数等于 1 与该项目中的通用模块数占总模块数的比值之差。

3.2.2　实例分析

我们以四个项目的项目群工作量估算为例,来看一下项目群条件下,如何应用项目群工作量估算的 COCOMO 改进模型。

假定有四个软件项目,它们在技术实现上存在较大的相似性,现在分配到同一个项目组,要求估算一下整个项目组的人力和时间需求,在这里假设根据专家讨论得到项目一估计的代码行为 10000 行,项目二的代码行为 15000 行,项目三的代码行为 20000 行,项目四的代码行为 18000 行。

项目一中通用模块数占总模块数的 45%,项目二中的通用模块数占总模块数的 55%,项目三中的通用模块数占总模块数的 35%,项目四中的通用模块数占总模块数的 40%。我们选择项目二作为基准项目。

单独完成项目一的工作量为 $E_1 = 2.4 \times 10^{1.05} = 27$(人·月)

单独完成项目二的工作量为 $E_2 = 2.4 \times 15^{1.05} = 42$(人·月)

单独完成项目三的工作量为 $E_3 = 2.4 \times 20^{1.05} = 56$(人·月)

单独完成项目四的工作量为 $E_4 = 2.4 \times 18^{1.05} = 50$（人·月）

计算得：

$$\lambda_1 = 0.55, \lambda_2 = 1, \lambda_3 = 0.65, \lambda_4 = 0.6$$

同时完成这四个项目所需要的工作量为：

$$
\begin{aligned}
E &= \sum_{i=1}^{n} \lambda_i E_i \\
&= 0.55 \times 27 + 1 \times 42 + 0.65 \times 56 + 0.6 \times 50 \\
&= 123.25（人·月）\\
D &= 2.5 \times 123.25^{0.38} = 15.58（月）
\end{aligned}
$$

3.3　软件群的风险管理

在软件项目中，经常面临着各种各样的风险，如用户需求改变、错误的计划与估算、管理经验欠缺、人员问题等，使得项目很难按时完成。与单个软件项目管理相比，在对项目群环境下的软件项目组进行管理时，会面临更多的不确定性和风险，因此更加需要重视其风险管理过程，可以说风险管理是软件项目群管理中必不可少的重要一环。

软件风险管理是指对软件开发过程中遇到的各种风险进行识别、评估、选择相应的策略、以最小的支出获得最大安全效果的过程。软件风险管理主要包括风险分析和风险控制两个阶段。

在软件项目组中，项目组的所有成员都要参与风险管理。但是，每一个人的参与程度和在风险管理中所起的作用都各不相同。项目经理在风险管理中的主要工作是确保风险管理过程在项目全过程中的有效执行，对项目风险管理的全过程负责，确定专人从事风险管理过程的各部分工作。风险管理小组由项目组中的成员组成，其成员在"风险管理计划"会议中确定。其成员按照《风险管理计划》职责安排，对相应的风险管理活动负责。对于项目组的其他成员，他们在风险管理中的职责是接受项目经理的安排，参与风险识别、分析、应对计划制订及监控工作。在图 3-1 中，我们给出了参与风险管理的人员构成。

我们发现一般的软件开发项目并不关心风险管理，结果遭受了极大的损失。成功的项目由于进行了项目风险管理，从而降低了软件项目的风险，大幅度增加了项目实现目标的可能性。因此，任何一个系统开发项目都应将风险管理作为软件项目管理的重要内容。

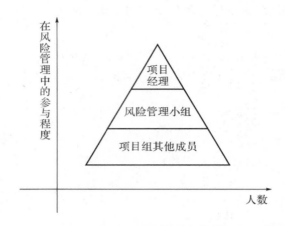

图 3-1　参与风险管理的人员构成

3.3.1　软件风险识别

软件风险识别是软件风险管理的第一步,软件风险识别就是要找出所有可能破坏软件项目进度的因素,并提出一个风险列表。常见的进度风险有需求的变更、太多不切实际的性能需求、计划过于乐观、设计不当、人员缺乏、与用户或合作方发生冲突等。

　1. 软件风险的分类

在进行具体的软件项目风险识别时,可以根据实际情况对风险分类。但简单的分类并不是总行得通的,某些风险根本无法预测。在这里,我们介绍一下美国空军软件项目风险管理(Software Risk Abatement)手册中指出的如何识别软件风险。这种识别方法要求项目管理者根据项目实际情况标识影响软件风险因素的风险驱动因子,这些因素包括:

(1)性能风险:产品能够满足需求和符合使用目的的不确定程度。

(2)成本风险:项目预算能够被维持的不确定程度。

(3)支持风险:软件易于纠错、适应及增强的不确定程度。

(4)进度风险:项目进度能够被维持且产品能按时交付的不确定程度。

每一个风险驱动因子对风险因素的影响均可分为四个影响类别——可忽略的、轻微的、严重的及灾难性的。具体内容如表 3-3 所示。

表 3-3　风险驱动因子对风险因素的影响

因素类别	性能	支持	成本	进度
灾难性的	无法满足需求而导致任务失败		错误将导致进度延迟和成本增加	
	严重退化使得根本无法达到要求的技术性能	无法做出响应或无法支持的软件	严重的资金短缺，很可能超出预算	无法在交付日期内完成
严重的	无法满足需求而导致系统性能下降，使得任务是否成功受到质疑		错误将导致操作上的延迟，并使成本增加	
	技术性能有些降低	在软件修改中有少量的延迟	资金不足，可能会超支	交付日期可能延迟
轻微的	无法满足需求而导致次要任务的退化		成本、影响和可恢复的进度上的小问题	
	技术性能有较小的降低	较好的软件支持	有充足的资金来源	实际的、可完成的进度计划
可忽略的	无法满足需求而导致使用不方便或不易操作		错误对进度及成本的影响很小	
	技术性能不会降低	易于进行软件支持	可能低于预算	交付日期将会提前

2. 风险识别方法

软件项目群的风险识别方法与单个软件项目的风险识别方法大致相同，主要有信息收集法、检查表法和假定条件分析法。其中最常用的信息收集法又可以细分为如下几种：

(1)头脑风暴法：最常用的收集信息的方法，当所有的项目组成员或人数众多的成员参与项目风险识别时使用。

(2)Delphi 法：用于专家对项目风险进行识别时使用。

(3)面谈法：与其他有经验的项目经理、专家及相关方代表进行面谈，通过他们的经验为项目风险识别提供帮助。

3.3.2　软件风险分析

在完成风险识别后，就可以对辨识出的风险进行进一步的确认和分析。软件风险分析就是对所有识别出来的风险进行估评，按照发生的可能性和后果的严重性排序，以确定项目组需要重点关注的风险，为后面的风险应对方案做准备。

风险分析又分为定性分析和定量分析，通常在分析过程中首先进行定性分析。下面介绍一种最为常用的定性分析方法——主观打分法。

主观打分法是由项目风险管理小组(必要时可以由项目经理出面邀请相关的专家)对于所有识别出的风险从发生的概率和产生的后果两个方面进行打

分。每个方面按五个等级进行打分,发生概率的五个等级分分别为 0.1、0.3、0.5、0.7、0.9;产生后果的五个等级分分别为:0.05、0.1、0.2、0.4、0.8。两者相乘后所得的 PE 值可以按大小将风险分为高、中、低三个部分。

表 3-4 所示是应用主观打分法对各种风险进行分析后所得到的结果。

表 3-4　各种风险的排序

风险	风险编号	发生概率	产生后果	概率×后果(PE 值)
计划过于乐观	A	0.3	0.2	0.06
设计欠佳,需要重新设计	B	0.1	0.4	0.04
需求变更	C	0.2	0.5	0.1
使用的新技术作用被高估	D	0.1	0.25	0.025
关键人员退出	E	0.05	0.3	0.015
项目审批时间超过预期	F	0.25	0.1	0.025
设备没有及时到位	G	0.05	0.1	0.005
开发人员与客户冲突	H	0.02	0.25	0.005

图 3-2 所示是应用主观打分法得到的分析结果。

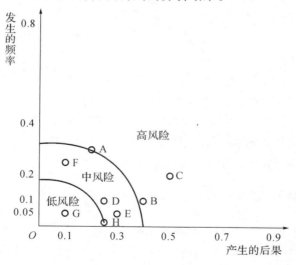

图 3-2　应用主观打分法得到的分析结果

按照 PE 值对表 3-4 中的各种风险从大到小进行排序,就是确定风险优先级的一种简易方法,表 3-5 列出了各个风险的优先级。

表 3-5　风险优先级

风险	风险编号	概率×后果（PE 值）	风险优先级
需求变更	C	0.1	1
计划过于乐观	A	0.06	1
设计欠佳，需要重新设计	B	0.04	2
使用的新技术作用被高估	D	0.025	3
项目审批时间超过预期	F	0.025	3
关键人员退出	E	0.015	4
设备没有及时到位	G	0.005	5
开发人员与客户冲突	H	0.005	5

通过表 3-5，我们大致清楚了各种风险的重要性。通过对排位靠前的几个风险做重点管理，而只花少量的精力在其他风险的管理上，就能达到理想的风险控制效果。

3.3.3　软件风险应对策略

通过对风险的分析确定出风险的等级，对高级别的风险要制定出相应的对策，采取特殊的措施予以处理，并指定专人负责重要风险项目的实施，同时在风险管理计划中进行专门的说明。所有风险分析的目的只有一个：辅助项目组确定处理风险应对策略。

1. 风险应对的作用

制订项目应对计划的活动是针对已分析出的项目关键风险，制定相应的应对措施，以确保相应的关键风险可以被避免、消除、转移以及风险发生后可以正确应对，减少负面影响。

在计划的制订过程中，每个关键风险的应对行动都可分解到具体的责任人。

风险应对计划的执行情况直接决定了风险对项目目标的影响情况。

2. 如何选择风险应对策略

对于不同等级的风险，应该使用不用的风险应对策略，常用的应对策略有以下几种：

（1）风险规避。项目风险可以分为两类，一类是普通风险，即所有的软件研发项目都具有的风险；另一类是特殊风险，即具体的某个研发项目所具有的风险。风险规避是指由项目风险管理组确定采用适当的行动，通过改变项目的计划、过程或组织以及增加资源等活动，以消除特殊风险的过程。本策略无法消除普通风险，但是可以消除一部分的特殊风险。

（2）风险转移。它不是试图消除风险，而是向第三方或者相关方转移风险。此种策略主要用于财务或商务方面的风险，如通过保险、保证、担保等方式来转移财务方面的风险，通过改变相应的合同条款来改变项目的商务风险，通过寻找合作开发伙伴或外包减低进度或范围方面的风险。风险转移通常也会带来利润上的损失。

（3）风险减轻。它适用于无法消除和转移的，但是可以通过增加资源或增加其他辅助手段（辅助手段通常也需要增加资源）而降低的风险。首先考虑降低风险发生的概率，如果不可行或代价太大，再考虑降低风险的后果。如果以上各种策略都无效，则采用下一种策略。

（4）风险承担。项目风险管理小组对于无法规避和转移的风险必须制订相应的项目应急计划，确保在风险发生之后有明确的行动，而不是被动地去应对，以降低风险发生所带来的不良影响。应急计划中包含风险名称、责任人、行动点和所需资源等。

第4章 软件项目群的进度管理和资源优化

4.1 软件项目群的进度管理

进度管理是整个项目管理中承上启下的重要环节,是联系项目计划和项目实施的中枢,关系到项目计划的顺利实现、资源的合理配置以及决策的科学性等一系列的问题[87]。同时,进度管理在实践中又往往是评价一个项目计划制订的好坏、技术水平的高低的关键标尺,无论是客户还是项目负责人多以此对整个项目计划进行检查和评估。

在软件企业中,由于市场的需要,在同一个项目组中,常常会有多个项目或是同一个项目的多个版本需要并行开发,这就需要考虑在项目群条件下的进度管理。

对于项目群下的进度管理,我们可以分为资源充足条件下的进度管理和资源约束条件下的进度管理。由于在软件行业中,人力资源是最为重要的资源,所以在本小节的论述中所涉及的资源都是指单一的人力资源,这里资源的充足或者资源的约束是指软件开发人员的充足或者缺乏。

在资源充足条件下,对多个项目的进度同时管理,可以先按照关键路径法分别确定每一个项目的关键路径,然后由项目网络图中关键路径最长的那一个项目的总工期来确定所有项目的计划完工时间,最后根据这个计划完工时间来逆推出每一个项目各项任务的进度。

而对资源约束下的项目群进度管理,项目经理首先应该考虑如何尽力满足本项目组的人力需求。解决人力资源不足的方法有很多种:在软件企业中,较为常用是将项目中非关键路径上的那些任务外包给第三方公司来开发,或者通过招收计划编制外的临时开发人员(如实习生)来解决开发人员的不足。如果通过各种努力还无法满足项目组对于开发人员的需求,那么可以先按照资源充足条件下求得计划完工时间,然后再召开项目小组会议对该计划完工时间进行讨论，看能否通过适当延长工期来缓解人力上的不足。

需要注意的是，在对软件项目制订好进度计划后，必须召开整个项目小组的评审会议，对该进度计划进行讨论和评审，并形成相应的文档（软件项目版本进度计划）。

项目群软件项目进度管理，简单地说，就是为了确保项目组内所有软件项目都能准时完成所作的一系列工作。项目群软件进度管理的主要工作内容包括：

（1）任务定义。它涉及确定项目团队成员和项目干系人为完成项目可交付成果而必须完成的具体任务。一项任务就是一部分工作，一般在 WBS 里可以找到，它是一个预期历时、成本和资源要求，我们也可以把任务称为作业。

（2）任务排序。它是指确定各项任务之间的依赖关系，并形成相应的文档。任务之间的依赖关系具体可分为强制性依赖关系、可灵活处理的关系和外部依赖关系。强制性依赖关系，也称硬逻辑关系。它是活动性质中固有的逻辑关系，是某些客观限制条件。可灵活处理的关系，也称软逻辑关系，它对某些非寻常项目，即使存在其他的可接受的顺序，也期望采用专门的顺序。外部依赖关系是指项目活动与非项目活动之间的依赖关系。

（3）任务历时估算。它是指估算完成项目各项任务可能需要的时间。

（4）制订进度计划。它是指通过分析任务顺序、任务历时估算和资源要求来制订项目进度计划。其中最主要的就是确定项目任务的起始和结束时间。

4.2　软件项目群的网络建模

目前，我们一般通过网络计划技术对软件项目进行网络建模。在网络计划技术中，表示整个项目的网络图称为项目网络（Project Network）。一个项目网络由许多节点（Node）和连接这些节点的弧（Arc）所构成。在项目网络中，还应包含任务（Activity）间的逻辑关系和持续时间等信息。根据各项任务的持续时间（工期）是否确定，可将项目网络分为确定性网络（Deterministic Network）、随机网络（Stochastic Network）和不确定性网络（Uncertain Network），如表 4-1 所示。

表 4-1　项目网络的分类

项目进度	任务工期		
管理方法	工期确定 （确定性网络）	工期不确定,但知道分布 （随机网络）	工期不确定,也不知道分布 （不确定性网络）
CPM/PERT	AON	PERT 网络	模糊 PERT 网络
	AOA		
CCPM	/	关键链网络	模糊关键链网络

4.2.1　确定性网络模型

在确定性网络模型中,项目任务的持续时间都是确定的单一数[161]。在这种网络模型中,任务之间不能存有回路,所有紧前任务完成后,后续任务才能开始。常见的确定性网络模型包括 AON 网络和 AOA 网络。

1. AON 网络

AON 网络是一种用节点表示任务(activity-on-node)的项目网络,也称为任务时序图。在这种网络中,每一个任务都用一个节点来表示。弧则是用来表示任务之间的时序关系。图 4-1 所示就是一个 AON 网络。

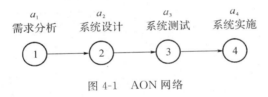

图 4-1　AON 网络

AON 网络的最大优点是绘制简单,适合于计算机绘制,对于没有经验的使用者来讲,AON 网络更容易理解。但是,AON 网络也存在着缺点:首先,AON 网络无法在网络图上直观表示出每个任务的持续时间(工期),不能绘制成带有时间坐标的网络图;其次,在 AON 网络中,表示任务之间逻辑关系的弧可能产生较多的纵横交叉现象。

2. AOA 网络

AOA 网络是一种用弧表示任务(activity-on-arc)的项目网络,也称为双代号网络。在这种网络中,节点表示任务的开始或结束以及任务之间的连接状态,并以弧及其两端节点和编号来表示任务。图 4-2 所示的是文献[124]中所使用的 AOA 网络。

图 4-2 中的弧可分为实线弧和虚线弧两种,其中实线弧表示实际需要完成

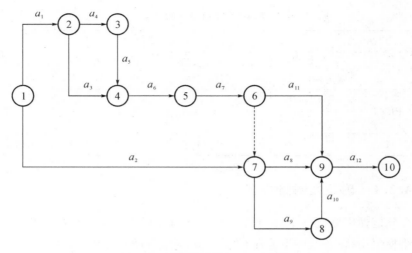

图 4-2   网站规划项目 AOA 网络

的任务,其详细信息可参见表 4-2,而虚线弧(如图 4-2 中的弧 6—7)表示一项虚任务,它在实际项目中并不存在,因此它没有名称,既不占用时间,也不消耗资源,它仅表示任务间的逻辑关系。

表 4-2   网站规划项目任务明细

任务(起始节点—终点节点)	任务描述	紧前任务集	任务工期(人·月)
$a_1(1-2)$	市场调查	/	5
$a_2(1-7)$	资金筹备	/	11
$a_3(2-4)$	需求分析	a_1	4
$a_4(2-3)$	目标定位	a_1	7
$a_5(3-4)$	功能定位	a_4	9
$a_6(4-5)$	成本估算	a_3, a_5	3
$a_7(5-6)$	开发计划	a_6	4
$a_8(7-9)$	网站开发	a_2, a_7	9
$a_9(7-8)$	软件测试	a_2, a_7	3
$a_{10}(8-9)$	网站发布	a_9	5
$a_{11}(6-9)$	人员调集	a_7	3
$a_{12}(9-10)$	网站推广	a_8, a_{10}, a_{11}	2

AOA 网络与 AON 网络相比,任务间的逻辑关系更为清晰,可在网络图上直观表示每个任务的时间参数信息(包括工期、最早开工时间、最迟开工时间、最早完工时间、最迟完工时间和松弛时间)和整个网络的关键路径,所以与时间

参数关联较为紧密的资源优化问题（如资源均衡）一般可采用 AOA 网络。

当然 AOA 网络也存在着一些缺点，例如，绘制方法较为烦琐，不过现在已有文献给出了如何将 AON 网络直接转化为 AOA 网络。在文献[135]中还详细介绍了将 AON 网络转化为 AOA 网络的计算机算法。

对于确定性网络，一般可以直接应用关键路径法来计算项目工期。关键路径法是由 James E. Kelley[41] 所提出的，由于其具有简单、直观、易懂的特点，所以是目前应用最为广泛的一种项目进度计划方法。从网络图起始节点开始到终点节点为止，工期最长的路径为关键路径。例如在图 4-2 所示的项目网络中，项目的关键路径应为 $1-2-3-4-5-6-7-9-10$，关键路径上的任务（关键任务）包括：a_1，a_4，a_5，a_6，a_7，a_8，a_{12}，项目工期为 39。

4.2.2　随机网络模型

随机网络[26,27] 是指项目任务的工期不能确定，但是知道任务工期的概率分布的类型及其相关参数的网络类型。目前随机网络模型中，应用较多的有 PERT 网络和关键链网络。

1. PERT 网络

计划评审技术是 1958 年美国海军特种工程计划室与洛克希德系统工程部及步兹、艾伦和哈密尔顿咨询公司共同研究出的一项新的进度计划方法。基于计划评审技术的 PERT 网络与确定性网络的主要区别在于：在 PERT 网络中，任务的持续时间不是一个固定值，而是具有一定的概率分布和统计特征的随机变量。

由于确定性网络的关键路径求解方法较为简单，目前国内外学者主要研究 PERT 网络关键路径的求解方法，所以关键路径法现在经常与 PERT 联系在一起，我们也用 CPM/PERT 来表示这种方法。应用 CPM/PERT 来计算 PERT 网络的项目完工时间，通常应用以下三种方法。

（1）三点估计法

三点估计法是根据最短估算时间 a、最可能时间 m 和最长估算时间 b，以及公式：

$$\overline{D} = (a + 4m + b)/6$$

来估算每个任务的工期 $\overline{D}$，进而将 PERT 图转化为确定性网络，文献[36]就是应用这种方法来计算项目完工时间的。

（2）区间估算方法

区间估算方法是通过概率公式推导出项目完工时间的最大值、最小值及其分布，文献[52]就是应用这种方法来估算项目完工时间的。

（3）仿真法

仿真法也可称为蒙特卡罗模拟方法[50]，它是由计算机根据每项任务工期的分布和参数随机产生一个数值，来对各项任务工期进行赋值，这样每做一次仿真实验就得到一个项目完工时间的实验数据，经过足够多次（一般要达到 5000以上）的计算机仿真实验之后，就可通过统计方法估计项目完工时间的概率分布及其相应参数。

2.关键链网络

关键链项目管理[34]是 Goldratt 于 1997 年提出的一种基于概率论的面向项目进度管理的新方法，该方法融入约束集理论的思想，认为制约项目周期的是关键链而非关键路径。基于关键链项目管理方法的关键链网络以 PERT 网络为基础，采用任务 50% 可能按时完成的时间作为单个任务工期的估计，并以此为基础，建立网络图。根据任务间紧前逻辑关系和资源约束关系确定项目最长周期的任务序列，即关键链[159]。通过在关键链尾部设置项目缓冲（Project Buffer，PB），在非关键链到关键链入口处设置接驳缓冲（Feeding Buffer，FB），在关键链任务上设置资源缓冲（Resource Buffer，RB），吸收项目中不确定性因素对项目计划执行的影响，保证整个项目按时完成[158]。图 4-3 所示的是文献[104]中的关键链网络，该项目中所有任务的工期都服从对数分布，各资源容量分别为：项目经理 1 人，测试人员 2 人，研发人员 3 人，其中研发人员为该项目的关键资源，关键链为：A—E—F—G—H—D—I，非关键链为 J—K 和 B—C。

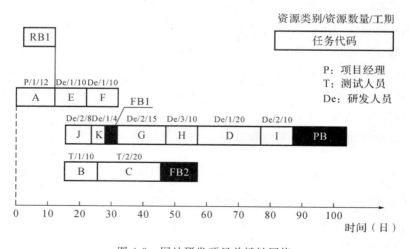

图 4-3 网站研发项目关键链网络

有关该项目的任务明细如表 4-3 所示。

表 4-3　网站研发项目任务明细

任务代码	任务描述	紧后任务集	任务工期均值(日)	任务工期标准差(日)	所需资源类别/数量(人)
A	网站分析与设计	B,E,J	12	3.5	项目经理/1
B	测试文档制作	C	10	3	测试人员/1
C	单元测试	D	20	5.5	测试人员/2
D	集成测试	I	20	5.5	研发人员/1
E	数据库设计	F	10	3	研发人员/1
F	数据库编码	G	10	3	研发人员/1
G	服务器编码	H	15	6	研发人员/2
H	代码优化	I	10	3	研发人员/3
I	网站发布	/	10	3	研发人员/2
J	页面设计	K	8	2	研发人员/2
K	CSS 编码	G	4	2	研发人员/1

M. Rabbani 等[70]应用关键链项目管理方法对随机网络进行建模,并研究了基于启发式算法的随机网络资源受限项目调度问题。

4.2.3　不确定性网络模型

由于项目本身和执行环境的不确定性,在项目的实际执行中,任务工期往往无法准确确定,对于那些已知工期概率分布的项目来讲,我们可以通过随机网络来进行建模,但是要知道任务工期属于哪种概率分布类型及其相关参数,这必须是建立在以往同类项目的历史数据基础上的。然而,对于某些项目来讲,由于缺乏历史统计数据,我们往往无法知道任务工期的概率分布。这样的项目,我们一般称为不确定性项目,不确定性项目的项目网络一般称为不确定性网络。

不确定性网络的建模方法,目前一般采用模糊理论或是灰色理论来进行建模。已有的网络模型包括模糊 PERT 网络和模糊关键链网络。

1. 模糊 PERT 网络

在模糊 PERT 网络,一般采用模糊数(三角模糊数或是梯形模糊数)来表示项目任务的工期,然后根据各自所定义的模糊数运算公式来计算项目工期等数据。

Chanas 等[91]通过构造一个关于路径关键度的二值函数,并应用 Zadeh 规则来寻找关键路径。Chen 等[88]应用模糊三角数对模糊 PERT 网络的任务工期进行赋值,并通过模糊运算来得到 CPM。Zammori 等[33]中通过多标准决策技术,以路径长度、路径费用和潜在风险等多种因素来总体衡量 CPM。

　　2. 模糊关键链网络

　　模糊关键链网络使用模糊语言时间值表征任务工期[159],杨莉[158]应用模糊关键链网络对软件项目进行建模,并应用风险管理方法来设置关键链上的缓冲区尺寸。

4.3　软件项目群的资源优化

4.3.1　资源负荷

　　资源负荷是指在特定时段现有进度计划所需的个体资源的数量。这个方法有助于项目经理对软件项目所需的资源有一个总体的了解。项目经理常使用直方图来描述不同时段所需要的资源数,直方图对于确定资源需求和识别资源配置问题非常有帮助,图 4-4 所示是某项目群的资源负荷直方图。

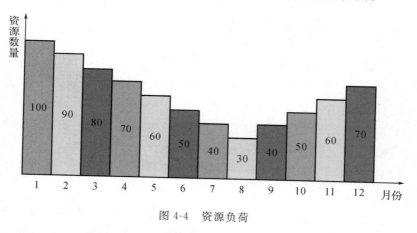

图 4-4　资源负荷

　　资源负荷直方图可以反映出某个项目群的资源是否已达超负荷状态。资源超负荷是指在特定的时间分配给某项目组的资源超过它可用的资源。例如,在图 4-4 所示的某项目组的资源负荷图中,假设该项目组在 1 至 3 月的实际可用资源数为 30,那么在 1 至 3 月中,分配给该项目组的资源是它可用的资源的300%,这就意味着,如果每天正常工作 8 小时的话,那么这个项目组的开发人员必须一天连续工作 24 小时才能满足资源计划的要求。

资源超负荷是一种资源冲突,而解决资源冲突的一种有效方法就是我们下面要讲的资源均衡和项目调度。

4.3.2　资源均衡概述

资源均衡优化是项目管理中制订项目进度计划时必须要解决的问题,而且此问题对整个项目的成功与否起决定性的作用。资源均衡优化是指在有限资源约束下,合理安排项目的各作业,在既不超过资源限量又不破坏各作业的前后序关系的前提下寻求整个项目在各个时段内资源的合理分配。

资源均衡的优化过程就是在工期保持不变的条件下,调整工程进度计划,使项目资源需要量尽可能均衡的过程,也就是在整个工程工期内不出现过高的高峰和过低的低谷,力求使各个时间段上的资源分配比较均衡,减少资源需求的波动范围,从而可以保证项目的质量和减少大量的项目成本。

下面我们通过一个简单的资源均衡的例子来说明资源均衡的基本思想,有关项目群的资源均衡更为复杂的算法我们将在第 6 章中详细地加以论述。图 4-5 所示是某一个项目的网络计划图,从这个图上我们可以看到该项目由 4 项作业所组成,分别是任务 A、B、C、D,其中 A(1/4)表示任务 A 的工期为 1 天,所消耗的资源数为 4。同理,任务 B 和任务 C 的工期为 1 天,所消耗的资源数为 2,任务 D 的工期为 2 天,所消耗的资源数为 2,其中任务 B、C、D 可以并行执行。

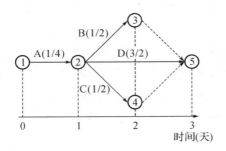

图 4-5　项目网络图

通过简单的计算,我们可以得到没有进行资源均衡之前的资源负荷直方图,如图 4-6 所示。图 4-7 表示在任务 C 延迟 1 天开始的情况下资源的使用情况。从资源均衡前和资源均衡后的资源负荷图中,我们看到资源均衡后的资源负荷图比资源均衡前的资源负荷图来得扁平,也就是说,每一个资源已经被安排在最适合的地方,这就是资源均衡的基本思想。

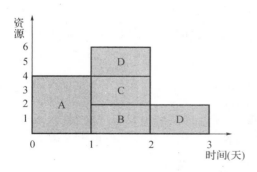

图 4-6   资源均衡前的资源负荷

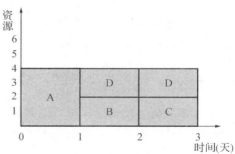

图 4-7   资源均衡后的资源负荷

那在软件项目管理中,资源均衡有哪些主要的作用和意义呢?

(1)如果资源的使用情况一般比较稳定,那么它们需要的管理就较少。例如,对于一个软件开发人员来说,一个月内每天的工作时间为 8 小时,但如果安排他前两周每天工作 12 小时,后两周每天工作 6 小时,那么管理起来就会有很多的问题。

(2)资源均衡使得项目经理能使用零库存策略来获得供应商或者其他昂贵的资源。例如,项目经理在申请某项专利时,需要法律顾问的咨询,那么如果他对这种专利法律咨询的工作所需的资源进行均衡的话,均衡的结果就是使项目只需要聘请一位兼职的法律顾问就能满足项目组的需求了,而无须花费更多的人力和财力。

(3)资源均衡可以降低项目的成本,节省各种所需资源的开支和花费。通过资源均衡我们可以用最少的人力满足项目上的需求,尽量减少出现某段时间人力不足,而另一段时间却人力过剩的情况发生。

(4)通过资源均衡还能增强公司内员工的信心。每一个人都希望有一份稳定的工作,这种稳定的工作是指在每一周甚至是每一天都能有稳定的工作量,让他们能感觉到他们所在的公司有着持续的发展势头和潜力,而不会为自己的将来感到担忧。

4.3.3   资源均衡问题的数学模型

关于资源均衡问题,假设单个项目由 M 个任务 $(a_1, a_2, \cdots, a_M)$ 组成,每个任务 $a_j (j = 1, 2, \cdots, M)$ 只有一种执行模式,设任务 a_j 的工期为 a_j^{dur},且 a_j^{dur} 为确定的非负整数。完成项目共需要 K 种可更新资源,完成任务 a_j 需要可更新资源 $k (k = 1, 2, \cdots, K)$ 的数量为 $rr_k(a_j)$,任务一旦开始不可中断。

根据不同的目标函数,资源均衡问题可以分为以下三种类型。

1. 资源投入问题(Resource Investment Problem)

资源投入问题[64,131]也称为资源水平问题,一般以资源投入量(Resource Investment,RI)最小为目标。求解该问题的基本思路为:如何合理调整任务的实际开工时间 a_j^{start},使资源的投入量 RI 最小,其数学模型如下。

目标函数:

$$\min \text{RI} = \sum_{k=1}^{K} c_k \max\{rr_k(t) \mid t \in (t = 1,2,\cdots,p^{\text{dur}})\} \tag{4.1}$$

其中,c_k 为可更新资源 k 的单位价格;$p^{\text{dur}} = \sum_{\{j|j \subseteq p^{\text{cpath}}\}} a_j^{\text{dur}}$ 为项目工期;$rr_k(t)$ 表示 t 时刻项目在可更新资源 k 上的需求量,其计算公式为:

$$rr_k(t) = \sum_{j=1}^{M} rr_{kt}(a_j) \tag{4.2}$$

$$rr_{kt}(a_j) = \begin{cases} rr_k(a_j), & \text{if } a_j^{\text{start}} < t \leqslant a_j^{\text{finish}}, \forall j \in (j = 1,2,\cdots,M) \\ 0, & \text{else if } t \leqslant a_j^{\text{start}} \text{ or } t > a_j^{\text{finish}}, \forall t \in (t = 0,1,\cdots,p^{\text{dur}}) \end{cases} \tag{4.3}$$

其中,$rr_{kt}(a_j)$ 表示 t 时刻任务 a_j 在可更新资源 k 上的需求量。

约束条件:

$$a_j^{\text{estart}} \leqslant a_j^{\text{start}} \leqslant a_j^{\text{lstart}} \tag{4.4}$$

$$\max\{a_l^{\text{finish}} \mid a_l \in Pa(a_j)\} \leqslant a_j^{\text{start}} \tag{4.5}$$

式(4.4)和式(4.5)表示任务的实际开工时间必须满足的时序约束。

2. 资源背离问题(Resource Deviation Problem)

资源背离问题[54,90]一般以资源背离(Resource Deviation,RD)基准需求量最小为目标,其目标函数为:

$$\min \text{RD} = \sum_{k=1}^{K} c_k \sum_{t=1}^{p^{\text{dur}}} [rr_k(t) - Y_k]^+ \tag{4.6}$$

其中,c_k 为可更新资源 k 的单位价格;Y_k 为可更新资源 k 的基准需求量,一般用资源 k 的日平均需求量 $\overline{rr}_k$ 代替[54],其计算公式为:

$$\overline{rr}_k = \frac{1}{p^{\text{dur}}} \sum_{t=1}^{p^{\text{dur}}} rr_k(t) \tag{4.7}$$

在式(4.6)中,$[z]^+$ 可定义为如下三种类型中的任意一种:

$$[z]^+ = \begin{cases} \max\{z,0\} \\ |z| \\ [z]^2 \end{cases} \tag{4.8}$$

如果 $[z]^+$ 用 $[z]^2$ 代替，那么式(4.6)即为项目的资源方差(Resource Variance，RV)[124]：

$$\min \text{RV} = \sum_{k=1}^{K} c_k \text{RV}_k, \quad \text{RV}_k = \frac{1}{p^{\text{dur}}} \sum_{t=1}^{p^{\text{dur}}} [rr_k(t) - \overline{rr}_k]^2 \tag{4.9}$$

3. 资源波动问题(Resource Fluctuation Problem)

资源波动问题[14,68]以相邻时刻之间的资源需求波动(Resource Fluctuation，RF)最小为目标，其目标函数为：

$$\min \text{RF} = \sum_{k=1}^{K} c_k \sum_{t=2}^{p^{\text{dur}}} [rr_k(t) - rr_k(t-1)]^+ \tag{4.10}$$

其中，c_k 为可更新资源 k 的单位价格；$[z]^+$ 的定义参见式(4.8)。资源背离问题和资源波动问题的约束条件同资源投入问题，具体可参照约束条件式(4.4)和式(4.5)。

资源均衡问题已被证明属于组合优化中的 NP-hard 问题[156]，现有的算法包括精确求解方法、启发式算法和智能优化算法。

精确求解方法一般基于分支定界和动态规划等运筹学方法，Bandelloni 等[64]应用非系列动态规划方法对资源均衡问题进行了优化；Neumann 和 Zimmermann[53]在此基础上，研究了带有广义时序关系的资源均衡问题，并给出了该问题的分支定界算法。对于规模较小的项目，精确求解方法往往能得到问题的最优解，但对于复杂大规模项目的资源均衡问题，一般很难在可接受的时间内得到问题的可行解。

为了克服精确求解方法的局限性，许多文献提出了应用启发式算法来求解资源均衡问题。Younis 和 Saad[68]研究了多资源均衡问题的启发式算法，该算法可分为三个阶段：第一阶段应用 CPM 方法计算每个任务的各项时间参数并确定项目的工期和关键路径；第二阶段根据非关键路径上任务(非关键任务)的松弛时间，设定任务的实际开工时间，并得到问题的一个可行解；第三阶段对该可行解进行优化。Neumann 和 Zimmermann[54]将基于时间窗的启发式算法应用到带有广义时序关系的资源均衡问题中。国内的王祖和[153]通过权重法和启发式算法求解了多资源均衡问题。由于启发式算法具有求解速度快、算法易实现的特点，在很多实际工程项目管理中得到了广泛的应用，但是启发式算法一般只能得到可行解，而无法求解最优解。

近年来随着智能优化算法的不断发展和成熟，目前已有不少文献应用智能优化算法来处理资源均衡问题。Leu[90]和陈志勇[109]分别应用遗传算法和微粒群算法对资源均衡问题进行了研究。Savin 和谢洁锐为资源均衡问题提供一个神经网络解决方法,并分别应用权重系数矩阵[29]和增广位置矩阵[156],描述了资源均衡问题的神经网络表示。Geng 等[43]研究了非线性资源均衡问题,并给出了该问题的改进蚁群算法。郭研和宁宣熙[120]研究了基于遗传算法的多项目资源均衡问题,该算法将非关键任务的松弛时间作为染色体,有效地缩短了问题的编码长度,最后通过一个算例验证了该算法的有效性。郭研等[117]针对多项目多资源均衡问题的特点,建立描述问题的多目标优化模型,然后将 Pareto 方法嵌入到向量评价微粒群算法(Vector Evaluated Particle Swarm Optimization,VEPSO)中,提出了一种新的基于 Pareto 的向量评价微粒群算法(VEP-SO-BP);最后利用一个算例测试了 VEPSO-BP 的性能,并与 VEPSO 进行了对比。实验结果表明 VEPSO-BP 的收敛性能优于 VEPSO。

4.4　基于项目调度的资源冲突消除方法

4.4.1　项目调度问题的描述及其数学模型

1. 资源受限的项目调度问题

资源受限的项目调度问题[78](Resource Constrained Project Scheduling Problem,RCPSP)可描述为:单个项目由 M 个任务 $(a_1, a_2, \cdots, a_M)$ 组成,每个任务 $a_j(j = 1, 2, \cdots, M)$ 只有一种执行模式,设任务 a_j 的工期为 a_j^{dur},且 a_j^{dur} 为确定的非负整数。所有任务均需考虑两类约束:一是时序约束,即任务 a_j 只有等待其所有紧前任务 $Pa(a_j)$ 均完工后,才能开工;二是资源约束,即完成项目共需要 K 种可更新资源,第 $k(k = 1, 2, \cdots, K)$ 种可更新资源 rr_k 的容量为 RR_k,完成任务 a_j 需要第 k 种可更新资源的数量为 $rr_k(a_j)$,在项目完成前的任一时刻,正在加工的任务所占用的资源总数不能超过资源容量。任务一旦开始不可中断[147]。

对于经典资源受限项目调度问题,一般直接采用 AON 网络模型,网络图中各任务顺序编号应保证 $Pa(a_j)$ 中的任务编号小于 a_j 中的任务编号,并增加 2 个虚任务 a_0 和 a_{M+1},分别表示项目的开始和结束,虚任务无需占用时间和资源,即 $a_0^{\mathrm{dur}} = a_{M+1}^{\mathrm{dur}} = 0, rr_k(a_0) = rr_k(a_{M+1}) = 0$。

该问题的优化目标是在满足约束条件下,合理安排各项任务的实际开工时间 a_j^{start},使项目的工期 p^{dur} 最短。此问题对应的数学模型如下。

目标函数:$\min p^{\mathrm{dur}} = a_{M+1}^{\mathrm{start}}$

$$(4.11)$$

约束条件：

$$\max\{a_l^{\text{finish}} \mid a_l \in Pa(a_j)\} \leqslant a_j^{\text{start}}, \forall j \in (j=0,1,\cdots,M,M+1) \quad (4.12)$$

$$rr_{kt} = \sum_{j=1}^{M} rr_{kt}(a_j) \leqslant RR_k, \forall t \in (t=0,1,\cdots,p^{\text{dur}}), \forall k \in (k=1,2,\cdots,K)$$

$$(4.13)$$

$$rr_{kt}(a_j) = \begin{cases} rr_k(a_j), \text{if } a_j^{\text{start}} < t \leqslant a_j^{\text{finish}} & , \forall j \in (j=1,2,\cdots,M) \\ 0, \text{else} \quad \text{if } t \leqslant a_j^{\text{start}} \ or \ t > a_j^{\text{finish}}, \forall t \in (t=0,1,\cdots,p^{\text{dur}}), \forall k \in (k=1,2,\cdots,K) \end{cases}$$

$$(4.14)$$

式(4.11)为该问题的目标函数，即项目的工期最小。式(4.12)表示任务必须满足任务间的时序约束，其中 a_l^{finish} 为任务 a_l 的实际完工时间，其计算公式为：$a_l^{\text{finish}} = a_l^{\text{start}} + a_l^{\text{dur}}$。

式(4.13)和式(4.14)则限制了在任意时刻 t 项目执行中的任务对每种可更新资源的总需求不得超过该资源的容量，其中 rr_{kt} 表示 t 时刻项目对资源 rr_k 的需求量，$rr_{kt}(a_j)$ 表示 t 时刻任务 a_j 对资源 rr_k 的需求量。

资源受限的项目调度问题是项目调度领域一个最基本的模型，考虑到一些实际因素，许多学者对资源受限的多项目调度问题[58]（Resource Constrained Multiple Project Scheduling Problem，RCMPSP)进行了扩展，形成了若干新的项目调度问题的模型。

2. 多项目调度问题

多个项目并行执行在实际工程中非常普遍，事实上 90% 的项目是在多项目环境下运行的，即绝大多数的项目不是孤立的，而是相互联系的，彼此之间存在着资源竞争，这些问题可以概括为 RCPSP。RCMPSP 可描述为：现有 N 个项目 $p_i(i=1,2,\cdots,N)$ 需并行执行，a_{ij} 表示第 i 个项目中的第 j 项任务，p_i^{num} 表示项目 p_i 的任务总数，每个任务只有一种执行模式，任务工期 a_{ij}^{dur} 为确定的非负整数，p_i^{dur} 表示项目 p_i 的工期，其计算公式为：

$$p_i^{\text{dur}} = \sum_{\{j \mid j \subseteq p_i^{\text{cpath}}\}} a_{ij}^{\text{dur}} \quad (4.15)$$

式(4.15)中的 p_i^{cpath} 表示项目 p_i 的关键路径。

完成项目共需要 K 种可更新资源，第 $k(k=1,2,\cdots,K)$ 种可更新资源 rr_k 的容量为 RR_k，完成任务 a_{ij} 需要第 k 种可更新资源的数量为 $rr_k(a_{ij})$，同一个项目中的任务有紧前紧后关系，不同项目间的任务无紧前紧后关系。

该问题的优化目标是在满足时序约束和资源约束的条件下，合理安排各项任务的实际开工时间 a_{ij}^{start}，使项目群的总工期 PD 最短。此问题对应的数学模型如下：

　　目标函数：$\min \mathrm{PD} = \max\{p_i^{\mathrm{dur}}\}, i \in (i = 1,2,\cdots,N)$　　　　　　(4.16)

　　约束条件：

$$\max\{a_{il}^{\mathrm{finish}} \mid a_{il} \in Pa(a_{ij})\} \leqslant a_{ij}^{\mathrm{start}}, \forall i \in (i = 1,2,\cdots,N), j \in (j = 1,2,\cdots,p_i^{\mathrm{num}})$$

(4.17)

$$rr_{kt} = \sum_{i=1}^{N} \sum_{j=1}^{p_i^{\mathrm{num}}} rr_{kt}(a_{ij}) \leqslant RR_k, \forall t \in (t = 0,1,2,\cdots,\mathrm{PD}), \forall k \in (k = 1,2,\cdots,K)$$

(4.18)

$$rr_{kt}(a_{ij}) = \begin{cases} rr_k(a_{ij}), \text{if } a_{ij}^{\mathrm{start}} < t \leqslant a_{ij}^{\mathrm{finish}} & , \forall i \in (i = 1,2,\cdots,N), j \in (j = 1,2,\cdots,p_i^{\mathrm{num}}) \\ 0, \text{else if } t \leqslant a_{ij}^{\mathrm{start}} \quad or \quad t > a_{ij}^{\mathrm{finish}}, \forall t \in (t = 0,\cdots,\mathrm{PD}), \forall k \in (k = 1,\cdots,K) \end{cases}$$

(4.19)

式（4.16）为该问题的目标函数，即项目群的总工期最小。式（4.17）表示任务必须满足任务间的时序约束，其中 a_{il}^{finish} 为任务 a_{il} 的实际完工时间，其计算公式为：$a_{il}^{\mathrm{finish}} = a_{il}^{\mathrm{start}} + a_{il}^{\mathrm{dur}}$。

　　式（4.18）和式（4.19）则限制了在任意时刻 t 项目执行中的任务对每种可更新资源的总需求不得超过该资源的容量，其中 $rr_{kt}(a_{ij})$ 表示 t 时刻任务 a_{ij} 对资源 rr_k 的需求量。

　　早期文献中的资源受限多项目调度算法是通过增加虚任务将多个项目整合成一个大项目，然后应用单项目调度方法进行求解[57]。目前文献一般使用"多项目方法"，即在多项目调度时，将每一个项目看作是独立的项目，并分别定义每个项目的关键路径。Kurtulus 和 Davis[57] 指出这两种方法即使在相同的调度生成机制和优先规则条件下也将产生不同的项目调度方案。张汉鹏和邱菀华[167] 应用基于调度生成机制的改进遗传算法来求解多项目调度问题，该算法在调度生成过程中采用最迟完成时间优先规则和最短项目中最短持续时间任务优先规则（Shortest Activity from the Shortest Project，SASP）两项启发式优先规则，以相同的概率随机选用，并随机选用串行 SGS 和并行 SGS 进行解码。

　　Lova 和 Tormos[5,6,80] 分析了多项目环境下不同的调度生成机制和不同的优先规则，诸如：最小最晚完成时间（Minimum Latest Finish Time，MLFT）、最小松弛时间、最大总工作容量（Maximum Total Work Content，MTWC）和总工期最小项目中的工期最短任务（Shortest Activity from Shortest Project，SASP），在项目调度算法中的作用。Kim 等学者[58] 提出了一种带有模糊逻辑控制器的混合遗传算法，并结合串行 SGS 和优先权系数编码来求解资源受限的多项目调度问题。Chen 和 Shahandashti[81]将基于 GA-SA 的混合算法应用到多资源受限的多项目调度问题中,实验结果表明该算法的优化效果要好于 GA 和 SA。Krüger 和 Scholl[28]认为在多项目环境下,资源在项目间进行转移是需要一定的时间或费用作为代价的,在此基础上提出了求解考虑资源转移成本的多项目调度问题的启发式算法。在 Browning[100]关于资源受限多项目调度问题的研究综述中,通过 12320 个算例的测试,对 20 种不同的优先规则在求解资源受限多项目调度问题中的优化效果作了比较,结果显示 TWK-LST(Maximum Total Work Content-earliest Late Start Time)在处理复杂多项目调度问题中表现优异;而 SASP 在一些较为简单的多项目调度问题中表现出较好的效果;如果不考虑算法的复杂性,MINWCS(Minimum Worst Case Slack)优化效果最为理想。

3. 多技能资源受限项目调度问题

经典的资源受限项目调度算法在分配资源时,一般不考虑资源的技能约束。但是在实际项目调度工作中,不同资源所拥有的技能不同,不同任务对技能的需求也不一样,例如,某程序员既熟悉 C♯也熟悉. Net,某数据库设计任务要求设计员既掌握数据库设计技能又了解 UML 编程技能。假如在项目调度过程中分配资源的时候能充分考虑资源的技能约束,经典的资源受限项目调度问题就扩展到多技能资源受限的项目调度问题(Multi-Skill Resource Constrained Project Scheduling Problem,MSRCPSP)[9]。

MSRCPSP 可描述为:

(1)一个项目由 M 个彼此之间具有时序关系的任务 $(a_1, a_2, \cdots, a_M)$ 组成,任务 a_j 的技能需求由 $a_j^{skill} \subseteq \{SK\}$ 表示,其中 $\{SK\} = \{s_1, s_2, \cdots, s_L\}$ 表示技能集合,任务的工期 a_j^{dur} 为确定的非负整数。

(2)项目组现在拥有 K 种可更新资源,第 $k(k = 1, 2, \cdots, K)$ 种可更新资源 rr_k 的容量为 RR_k,可更新资源 rr_k 所掌握的技能由 $rr_k^{skill} \subseteq \{SK\}$ 表示,并且就单个资源而言,在单位时间内只能分配给一项任务,并且不能超过其所掌握的技能范围。

(3)完成任务 a_j 需要可更新资源的数量为 $rr(a_j)$,在项目完成前的任一时刻,正在加工的任务所占用的资源总数不能超过资源容量。任务一旦开始不可中断。

该问题的优化目标是在满足时序约束和资源约束的条件下,合理分配各种可更新资源并安排各项任务的实际开工时间 a_j^{start},使项目的工期 p^{dur} 最短。此问题对应的数学模型如下:

目标函数：$\min p^{\text{dur}} = a_{M+1}^{\text{start}}$　　　　　　　　　　　　　(4.20)

约束条件：

$$\max\{a_l^{\text{finish}} \mid a_l \in Pa(a_j)\} \leqslant a_j^{\text{start}}, \forall j \in (j = 0,1,\cdots,M,M+1) \quad (4.21)$$

$$rr_{kt} = \sum_{j=1}^{M} rr_{kt}(a_j) \leqslant RR_k, \forall t \in (t = 0,1,\cdots,p^{\text{dur}}), \forall k \in (k = 1,2,\cdots,K) \quad (4.22)$$

$$rr_{kt}(a_j) = \begin{cases} rr_k(a_j), \text{if } a_j^{\text{start}} < t \leqslant a_j^{\text{finish}}, \forall j \in (j = 1,2,\cdots,M), \\ 0, \text{else} \quad \text{if } t \leqslant a_j^{\text{start}} \quad \text{or} \quad t > a_j^{\text{finish}}, \forall t \in (t = 0,1\cdots,p^{\text{dur}}), \forall k \in (k = 1,\cdots,K) \end{cases}$$

$$\quad (4.23)$$

$$rr(a_j) \leqslant \sum_{k=1}^{K} rr_k(a_j) \quad \forall j \in (j = 1,2,\cdots,M) \quad (4.24)$$

$$a_j^{\text{skill}} \subseteq rr_k^{\text{skill}} \quad \forall k \in \{k \mid rr_k(a_j) > 0\} \quad (4.25)$$

和 4.4.1 中的数学模型一样，我们在项目中增加了两个虚任务 a_0 和 a_{M+1}，分别表示项目的开始和结束。式(4.20)为该问题的目标函数，即项目的工期最小。式(4.21)表示任务必须满足任务间的时序约束；式(4.22)和式(4.23)则限制了在任意时刻 t 项目执行中的任务对每种可更新资源的总需求不得超过该资源的容量，其中 rr_{kt} 表示 t 时刻项目对资源 rr_k 的需求量，$rr_{kt}(a_j)$ 表示 t 时刻任务 a_j 对资源 rr_k 的需求量，$rr_k(a_j)$ 表示分配给任务 a_j 的资源 rr_k 的数量；式(4.24)表示分配给任务 a_j 的各种可更新资源的总量不得少于 $rr(a_j)$；式(4.25)表示分配给任务 a_j 的可更新资源必须掌握完成任务所需的各项技能。

　　Odile 和 Néron[9] 对多技能资源受限的项目调度问题做了深入的研究，并提出了求解该问题的一种分支定界方法。Enrique[32] 和 Virginia[102] 分别通过遗传算法和基于知识的进化算法求解了多技能员工受限的软件项目调度问题。刘雅婷[134] 提出了一种多技能员工的替换策略。Narongrit[71] 将扩展启发式算法应用到 MSRCPSP 中，并通过实例测试，发现所提出的扩展启发式相比传统的启发式算法，能取得更好的优化效果。

　　4. 多模式资源受限项目调度问题

　　经典的资源受限项目调度问题假定所有任务只有一种执行模式，即一种工期和资源需求组合。在实践中，项目经理为了加快项目工期的进度，常常通过追加各种资源以缩短任务工期；相反，在任务不拖延整个项目工期的条件下，项目经理有时也会采取一种较为宽松的执行模式以节约资源、降低成本。El-maghraby[31] 在经典资源受限项目调度问题的基础上，尝试为任务增加多个执行模式，首次提出了多模式资源受限项目调度问题(Multi-mode Resource Constraint Project Scheduling Problem，MRCPSP)。

MRCPSP 可描述为：

（1）一个项目由 M 个彼此之间具有时序关系的任务 $(a_1, a_2, \cdots, a_M)$ 组成，每项任务有多种执行模式。例如，任务 a_j 共有 Mod_j 种执行模式，其中第 m 种执行模式 a_{jm}^{md} 可表示为：

$$a_{jm}^{\mathrm{md}} = \{ a_{jm}^{\mathrm{dur}}, rr_{1m}(a_j), \cdots, rr_{km}(a_j), \cdots, rr_{Km}(a_j), nr_{1m}(a_j), \cdots, nr_{lm}(a_j), \cdots,$$
$$nr_{Lm}(a_j) \}$$

其中，a_{jm}^{dur} 表示任务 a_j 在第 m 种执行模式下的工期，$rr_{km}(a_j)$ 表示任务 a_j 在第 m 种执行模式下对第 k 种可更新资源 rr_k 的占用量，$nr_{lm}(a_j)$ 表示任务 a_j 在第 m 种执行模式下对第 l 种不可更新资源 nr_l 的需求量，任务在执行过程中共需要 K 种可更新资源和 L 种不可更新资源。

（2）定义一个二进制决策变量 x_{jmt}，如果任务 a_j 在模式 m 下执行并在时刻 t 开工，则 $x_{jmt} = 1$，否则 $x_{jmt} = 0$。

（3）对于可更新资源，要求在项目完成前的任一时刻，正在加工的任务所占用的可更新资源总数不能超过资源容量，可更新资源 rr_k 的容量为 RR_k。对于不可更新资源，项目总共消耗的不可更新资源的总数不得超过项目预算上限，不可更新资源 nr_l 的项目预算上限为 NR_l。

（4）任务一旦开始不得中断。

该问题的优化目标是在满足时序约束和资源约束的条件下，合理选择各项任务的执行模式和实际开工时间，使项目的工期 p^{dur} 最短。此问题对应的数学模型如下：

目标函数：
$$\min p^{\mathrm{dur}} = \sum_{t=a_{j+1}^{\mathrm{estart}}}^{a_{j+1}^{\mathrm{lstart}}} t \cdot x_{j+1,1,t} \tag{4.26}$$

约束条件：

$$\sum_{m=1}^{\mathrm{Mod}_j} \sum_{t=a_j^{\mathrm{estart}}}^{a_j^{\mathrm{lstart}}} x_{jmt} = 1, \forall j \in (j = 1, 2, \cdots, M) \tag{4.27}$$

$$\sum_{m=1}^{\mathrm{Mod}_j} \sum_{t=a_j^{\mathrm{estart}}}^{a_j^{\mathrm{lstart}}} (t + a_{jm}^{\mathrm{dur}}) \cdot x_{jmt} \leqslant \sum_{m=1}^{\mathrm{Mod}_j} \sum_{t=a_i^{\mathrm{estart}}}^{a_i^{\mathrm{lstart}}} t \cdot x_{imt}, \forall j \in (j = 1, 2, \cdots, M), i \in$$
$$Na(a_j) \tag{4.28}$$

$$\sum_{j=1}^{M} \sum_{m=1}^{\mathrm{Mod}_j} rr_{km}(a_j) \sum_{b=\max\{t-a_{jm}^{\mathrm{dur}}, a_j^{\mathrm{estart}}\}}^{\min\{t-1, a_j^{\mathrm{lstart}}\}} x_{jmb} \leqslant RR_k, \forall k \in (k = 1, 2, \cdots, K),$$
$$t \in (t = 1, 2, \cdots, T) \tag{4.29}$$

$$\sum_{j=1}^{M}\sum_{m=1}^{\mathrm{Mod}_j} nr_{ln}(a_j)\sum_{t=a_j^{\mathrm{estart}}}^{a_j^{\mathrm{lstart}}} x_{jmt} \leqslant NR_l, \forall j \in (j=1,2,\cdots,M),$$

$$l \in (l=1,2,\cdots,L), t \in (t=1,2,\cdots,T) \quad (4.30)$$

$$T = \sum_{j=1}^{M}\max\{a_{jm}^{\mathrm{dur}} \mid m=1,2,\cdots,\mathrm{Mod}_j\} \quad (4.31)$$

式(4.26)定义了该问题的目标函数是项目工期最小化，a_j^{estart} 和 a_j^{lstart} 为任务 a_j 的最早开工时间和最晚开工时间；式(4.27)表示一项任务只能选择一种执行模式；式(4.28)表示时序关系约束，其中 $Na(a_j)$ 表示任务 a_j 的紧后任务集合；式(4.29)表示在项目执行过程中的任一时间，可更新资源的使用量不得超过其容量；式(4.30)表示项目实际消耗的不可更新资源不得超过其项目预算。式(4.31)给出了项目工期上界 T 的计算公式。

设 M 元组 $\mathrm{MOD} = \{a_1^{\mathrm{md}}, a_2^{\mathrm{md}}, \cdots, a_M^{\mathrm{md}}\} \in \{a_{11}^{\mathrm{md}}, a_{12}^{\mathrm{md}}, \cdots, a_{1\mathrm{Mod}_1}^{\mathrm{md}}\} \times \cdots \times \{a_{M1}^{\mathrm{md}}, \cdots, a_{M,\mathrm{Mod}_M}^{\mathrm{md}}\}$ 为 MRCPSP 中各任务选定的执行模式链表，如果 MOD 满足不可更新资源约束，则 MOD 为 MRCPSP 的一个可行模式链表。对于 MRCPSP，当各个任务的执行模式被指定以后，且指定的执行模式满足不可更新资源约束，这时 MRCPSP 就退化为经典资源受限项目调度问题，即对 MRCPSP，每一个可行模式链表对应一个经典资源受限项目调度问题[145]。

设 MOD 为 MRCPSP 的一个可执行模式链表，设 $\mathrm{START} = \{a_1^{\mathrm{start}}, a_2^{\mathrm{start}}, \cdots, a_M^{\mathrm{start}}\}$ 为在 MOD 指定的执行模式下各任务的实际开工时间，则称(MOD, START)确定了 MRCPSP 的一个调度方案，或称为 MRCPSP 的一个解。满足时序关系和可更新资源约束的调度方案称为可行调度方案，或称为 MRCPSP 的一个可行解。MRCPSP 的目标就是找到项目工期最小的可行解。

Elloumi 和 Fortemps[89] 提出了一种求解 MRCPSP 的双目标优化方法，其中一个目标用于优化项目工期，另一个目标用于优化不可更新资源的消耗总量，并给出了对应的混合式多目标进化算法。Coelho 和 Vanhoucke[44] 将 MRCPSP 问题分为执行模式分配和求解单模式资源受限项目调度问题(Single-mode Resource Constraint Project Scheduling Problem, SRCPSP)两个阶段来处理。在模式分配阶段，应用可行(Satisfiability, SAT)问题处理器产生一个适用于项目调度的可行模式；在 SRCPSP 阶段，应用遗传算法和串行 SGS(Schedule Generation Scheme)来求出问题的调度方案，通过 PSPLIB 的测试，发现新算法的优化性能好于以往算法。近期 Wang 和 Fang[61] 提出了应用分布估算算法(Estimation of Distribution Algorithm, EDA)来求解 MRCPSP，该算法以执行模式链表作为编码，以多模式串行调度方案作为解码方案，并通过算例与遗传算法[67]和混合式进化多目标算法[89]进行了对比,结果表明 EDA 得到的最优解比例要明显高于其他算法。

4.4.2　精确求解方法

在精确求解方法中,分支定界算法(Branch and Bound Algorithm)因为优化效果和计算效率上的优势而被人们广泛接受[111],其基本思想是先用搜索树将问题的解空间按照一定的规则分割成若干个子空间(分支过程),并为每个子空间内的可行解计算一个下界和上界(定界过程),在每次分支后,对所有界限超出已知最优解的子空间不做进一步的分支,即排除那些不包含最优解的子空间,从而达到缩小搜索空间的目的。

在 Stinson[92]最早将分支定界算法应用到经典资源受限项目调度问题之后,许多学者对该领域做了大量的研究,并提出了不同类型的分支定界方法。求解资源受限项目调度问题的分支定界算法需要建立一颗搜索树,并在搜索树的每一个节点上产生一个不完全调度方案,分支过程就是用不同的方法对不完全的调度方案进行扩展,从而推导出一个完整的调度方案,定界过程就是用来剪掉不必要的分支,以减少搜索树节点的数量。不同的方法使用不同的分支和定界策略,但搜索策略一般都采用深度优先(depth-first)策略,因为这种策略计算时所需的存储空间较小[114]。

在分支定界算法中,采用较为有效的下界计算方法对于控制搜索树的节点个数和提高算法的执行效率是非常重要的。目前较为常用的下界计算方法有两种:一种是构造性(直接)方法,该方法在求解 RCPSP 问题时,首先忽略原问题的部分时序约束,然后将得到的目标值作为原问题的下界;另一种是破坏性(改进)方法[85],一些实验表明,利用破坏性方法求解资源受限项目调度问题的下界时,可以得到比构造性方法更好的效果。

Christofides 等[18]应用与搜索树节点相关联的不完全调度作为 RCPSP 问题的优化调度方案。Demeulemeester 等[25]发现 Christofides 所提出的分支定界算法存在瑕疵,可能无法找到 RCPSP 问题的最优调度方案,此外 Demeulemeester 和 Herroelen[24]提出了更为有效的基于深度优先的分支策略和定界规则。Brucker 等[79]首先利用线性规划部分忽略任务间的时序约束,从而求出问题的下界,然后利用禁忌搜索来生成问题的上界,有效地控制了搜索树的节点数。

Sprecher 和 Drexl[7]提出了一种基于分支定界的 MRCPSP 精确解法,并对原有的定界方法加以改进,通过 10000 个算例的测试,证明了新方法的有效性,但是 Sprecher 和 Drexl 同时也指出,对于任务数大于 20 且具有 3 种以上执行模式的复杂 MRCPSP,即使是通过目前最好的精确算法也难以在合理的时间内找到问题的最优解。Reyck 和 Herroelen[10]研究了广义时序下的多模式资源受限项目调度问题,该问题在 MRCPSP 基础上,考虑了项目任务间的最小时间间隔和最大时间间隔,并给出了该问题的启发式算法。此外,Heilmann[84]给出了求解该问题的一种基于深度优先的分支定界算法。

4.4.3　启发式算法

虽然精确求解方法通常能求得 RCPSP 问题的最优解,但对于超过 60 个任务的大型项目,这类算法则显得无能为力。自从 Kelley[48]提出调度生成机制(SGS)的概念后,各种不同的基于优先规则(Priority Rule)的启发式算法被相继提出,并成为经典资源受限项目调度问题中应用最普遍的一类重要算法。基于优先规则的启发式算法由两个要素组成,即调度生成机制和项目任务的优先规则。

调度生成机制可分为串行调度生成机制和并行调度生成机制,两种方法都是对一个不完全的局部调度方案进行扩展,直至生成一个完整的可行调度方案[147]。优先规则用于生成调度时赋予每个任务一定的优先权系数,根据优先权系数决定任务选择的顺序。

1. 串行调度生成机制

串行调度生成机制包含 M 个阶段,对应每个阶段 $m(m=1,2,\cdots,M)$ 有一个局部调度方案 PS_m 和一个可行任务集 $D_m=\{a_j\mid a_j\notin PS_m, Pa(a_j)\in PS_m\}$。局部调度方案 PS_m 表示在阶段 m,所有已完成调度,即已确定实际开工时间的任务集合;可行任务集 D_m 表示在阶段 m,所有未安排开工时间,并且所有紧前任务均已完成调度的任务集合。串行 SGS 每个阶段的工作就是从 D_m 中选择优先权系数最大的任务(如果有多个任务具有相同的优先权系数,则选择编号较小的任务),并在满足时序约束和资源约束的前提下,指定该任务的实际开工时间,最后将其加入到 PS_m 中,完成该任务的调度。串行 SGS 的算法可简单描述如下。

串行调度生成算法:

初始化:$m=0, a_0^{start}=0, PS_0=\{a_0\}$

While $m\leqslant M$ do

{

计算 D_m；

计算 t 时刻第 k 种可更新资源的剩余量 $\widetilde{R}\widetilde{R}_k(t) = RR_k - \sum\limits_{a_j \in PS_m} rr_{kt}(a_j)$；

根据优先规则在 D_m 中选择优先权系数最大的任务 a_j；

计算任务 a_j 的最早开工时间 $a_j^{\text{estart}} = \max\{a_l^{\text{finish}} \mid a_l \in Pa(a_j)\}$；

指定任务 a_j 的实际开工时间 a_j^{start}：

$$a_j^{\text{start}} = \min\{t \mid t \geqslant a_j^{\text{estart}}, rr_k(a_j) \leqslant \widetilde{R}\widetilde{R}_k(\tau)\}, \forall k \in (k = 1, 2, \cdots, K),$$
$$\forall \tau \in [t, t + a_j^{\text{dur}})；$$

$PS_{m+1} = PS_m \bigcup \{a_j\}$；

$m = m + 1$；

}

END

串行 SGS 具有如下特征：在保证紧前关系和资源约束的前提下，提前某一任务，必然需要延迟其他某些任务。因此，对大部分常规的项目优化目标，如最小化项目工期等，串行 SGS 是比较合适的方法[144]。

2. 并行调度生成机制

串行 SGS 以任务为阶段变量，而并行 SGS 以时间为阶段变量。并行 SGS 最多包含 M 个阶段，阶段 m 对应调度时间 t_m，到 t_m 时刻已经完工的任务集合为 C_m，在 t_m 时刻正在进行的任务集合为 A_m，在 t_m 时刻的可行任务集合 D_m 为：

$$D_m = \{a_j \mid a_j \notin \boldsymbol{C}_m \bigcup A_m, Pa(a_j) \subset C_m, rr_k(a_j) \leqslant \widetilde{R}\widetilde{R}_k(t_m)\}$$

并行 SGS 每一阶段 m 需执行两步骤：一是计算 $t_{m+1}, A_{m+1}, D_{m+1}$ 和资源剩余量 $\widetilde{R}\widetilde{R}_k(t_{m+1})$；二是从 D_{m+1} 中选择任务 a_j，然后更新 A_{m+1}, D_{m+1} 和 $\widetilde{R}\widetilde{R}_k(t_{m+1})$；重复二直至 D_{m+1} 为空。并行 SGS 算法可简单描述如下。

并行调度生成算法：

初始化：$m = 0; t_0 = 0; a_0^{\text{start}} = a_0^{\text{finish}} = 0; C_m = A_m = \{a_0\}$；
While $|A_m \bigcup C_m| \leqslant \{a_0, a_1, \cdots, a_M\}$ do
{

    $m = m + 1$；

    $t_m = \min\{a_j^{\text{finish}} \mid a_j \in A_{m-1}\}$；

    计算 $C_m, A_m, D_m, \widetilde{R}\widetilde{R}_k(t_m)$；

    While $D_m \neq \varnothing$ do

    {

        根据优先规则在 D_m 中选择优先权系数最大的任务 a_j；

        $a_j^{\text{start}} = t_m, a_j^{\text{finish}} = a_j^{\text{start}} + a_j^{\text{dur}}$；

$$计算 \tilde{R}\tilde{R}_k(t_m), A_m, D_m;$$

```
        }

    }

END
```

并行 SGS 的搜索空间要小于串行 SGS,但是有可能不包含资源受限项目调度问题的最优解[8]。Hartmann 等[96]学者通过实验也证明了对于任务较多的项目,并行 SGS 优于串行 SGS;而对于任务较少的项目,串行 SGS 优于并行 SGS。

任务的优先权系数是根据优先规则计算的,近 30 年来,研究者们针对经典 RCPSP 问题提出了多种多样的优先规则。Davis 和 Patterson[21]提出了最小松弛时间(Minimum Slack,MSLK)和最晚完工时间(Latest Finish Time,LFT)规则。Alvarez 和 Tamarit[4]提出了最高排列位置权重(Greatest Rank Positional Weight,GRPW)、最多紧后任务数(Most Total Successors,MTS)和最短加工时间(Shortest Processing Time,SPT)规则。另外,Kolisch 提出了最晚开工时间(Latest Start Time,LST)[56]和最坏情况下的松弛时间(Worst Case Slack,WCS)规则[55]。

启发式算法由于程序简单、易于实现、求解速度快的特点,当前在 RCPSP 研究中仍具有重要的地位,但是启发式算法不能保证求解最优解,算法的好坏依赖于实际问题、经验和设计者的技术,很难总结规律[147]。

4.4.4　智能优化算法

鉴于启发式算法的上述缺点,不少学者应用智能优化算法来求解资源受限项目调度问题。近年来,以遗传算法、微粒群算法、禁忌搜索算法、模拟退火算法和蚁群算法(Ant Colony Optimization,ACO)为代表的智能优化算法在组合优化问题中得到了广泛的应用。不少学者的研究证明,智能优化算法对于 NP-hard 问题能取得理想的优化效果。对于经典资源受限项目调度问题,解的编码方案和算法的搜索规则是智能优化算法最重要的环节。

1.编码方案

编码方案主要有基于任务列表[94]、基于优先权系数[59]、基于优先权排列[138]和基于优先规则[60]等,其中基于任务列表的编码最为常用。

(1)基于任务列表的编码

在基于任务列表的编码中,一个编码个体相当于一条满足时序约束的紧前关系相容链表[132],链表中排序靠前的任务将优先得到调度。图 4-8 所示就是任务列表编码,该列表中的任务信息如表 4-2 所示。

编码位置	1	2	3	4	5	6	7	8	9	10	11	12
任务序号	1	3	2	4	5	6	7	11	9	10	8	12

图 4-8　任务列表编码

在此基础上,Hartmann[96]提出了带有解码规则的任务列表,该编码是在原有的任务列表后增加一位表示解码规则的基因 S/P,当 S/P=1 时表示采用串行 SGS 对任务列表进行解码,当 S/P=0 时表示解码规则为并行 SGS,带有解码规则的任务列表如图 4-9 所示。

编码位置	1	2	3	4	5	6	7	8	9	10	11	12	13
任务序号	1	3	2	4	5	6	7	11	9	10	8	12	S/P

图 4-9　带有解码规则的任务列表

此外,Alcaraz 和 Maroto[3]提出了带有解码方向的任务列表,该编码则是在原有的任务列表后增加一位表示解码方向的基因 F/B,当 F/B=1 时表示前向解码,当 F/B=0 时表示后向解码,带有解码方向的任务列表如图 4-10 所示。

编码位置	1	2	3	4	5	6	7	8	9	10	11	12	13
任务序号	1	3	2	4	5	6	7	11	9	10	8	12	F/B

图 4-10　带有解码方向的任务列表

基于任务列表的编码方案的优点是算法搜索空间较小,对于一个项目任务数 M,最多能够产生 $M!$ 个排列,其缺点是在搜索过程中需要考虑任务之间的紧前约束,造成智能优化算法的紧耦合性[132]。

（2）基于优先权系数的编码

基于优先权系数的编码是将任务的优先权系数排列成一个编码个体,编码中的第 j 个元素表示任务 a_j 的优先权系数,优先权系数较高的任务将优先得到调度。基于优先权系数的编码的优点是无须考虑任务之间的紧前关系约束,每个个体的生成、进化可以独立于 SGS,其缺点为搜索空间较大。如图 4-11 所示虽然两个个体编码不同,但意义却完全相同。

（3）基于优先权排列的编码

为了缩小算法的搜索空间,彭武良和王成恩[138]在原有的基于优先权系数

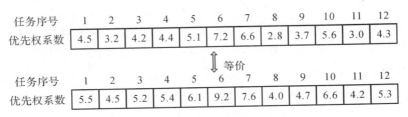

图 4-11　基于优先权系数的编码

编码的基础上,提出了基于优先权排列的编码方案。在该编码中,构成编码个体的优先权系数 r 是一个 $1 \leqslant r \leqslant M$ 的正整数,且不同的任务不能有相同的优先权系数。图 4-12 中的基于优先权排列的编码与图 4-11 中的编码等价。

任务序号	1	2	3	4	5	6	7	8	9	10	11	12
优先权系数	8	3	5	7	9	12	11	1	4	10	2	6

图 4-12　基于优先权排列的编码

(4)基于优先规则的编码

基于优先规则的编码个体由一列优先规则组成,编码中的第 j 个元素 p_j 表示 SGS 中第 j 个调度阶段所采用的优先规则,允许重复,如图 4-13 所示。

阶段序号	1	2	3	4	5	6	7	8	9	10	11	12
优先规则	p_1	p_2	p_3	p_4	p_5	p_6	p_7	p_8	p_9	p_{10}	p_{11}	p_{12}

图 4-13　基于优先规则的编码

2. 搜索规则

在搜索规则方面,主要算法包括遗传算法[58,95]、微粒群算法[38,100]、禁忌搜索算法[155]、模拟退火算法[112]、蚁群算法[17,138]和人工免疫算法[83]等,其中遗传算法最为常用。

(1)遗传算法

遗传算法(Genetic Algorithm,GA)是基于生物进化和遗传变异基础的迭代自适应概率性搜索算法。遗传算法本身具有并行搜索特性以及实现简单等特点,使其在求解大量组合优化问题时显示出优越的性能。在利用遗传算法求解资源受限项目调度问题方面:Hartmann[94] 提出了基于随机键和优先规则的任务列表表示的遗传算法,采用串行 SGS 和两个交叉算子,并基于后悔值抽样和 LFT 优先规则来生成初始种群。Hartmann[95] 认为串行 SGS 并不是任务列表的唯一解码规则,并行 SGS 作一些改动也可作为任务列表的解码规则,而这两种解码规则对于同一任务列表可能会产生两种不同的调度方案。Alcaraz 和 Maroto[3] 提出了一种基于任务列表的编码方案和串行 SGS 的遗传算法，该算法在染色体中增加一位基因来决定采用前向或后向解码。Kim 等学者[51] 提出了带有模糊控制机制的混合遗传算法，加快了算法在求解 RCPSP 问题时的收敛速度。

Mori 和 Tseng[67] 提出了适用于 MRCPSP 的遗传算法，该算法以任务执行模式和调度顺序作为染色体，染色体确定之后，然后根据解码规则求出 MRCPSP 的可行解。Jarboui 等学者[12] 提出了适用于 MRCPSP 的一种组合微粒群算法，并将局部搜索嵌入到模式选择过程，结果表明，该算法的平均偏差和找到的最优解比例明显优于模拟退火算法。

（2）禁忌搜索算法

禁忌搜索（Tabu Search，TS）算法是由 Glover 在 1986 年首次提出的，是局部领域搜索技术的一种扩展。它通过引入一个灵活的存储结构和响应的禁忌准则来避免迂回搜索，并通过藐视原则来赦免一些被禁忌的优良状态，进而保证多样化的有效探索以及最终实现全局的优化。禁忌搜索算法在组合优化、生产调度等领域已得到成功的应用[155]。Thomas 和 Salhi[99] 提出了基于修复因子的禁忌搜索算法，能够将不可行的调度方案修复为可行的调度方案。

（3）模拟退火算法

模拟退火（Simulated Annealing，SA）算法由 Metropolis 于 1953 年提出，其基本思想来源于对固体退火的模拟，采用 Metropolis 准则来接收新解，并利用一组称为冷却进度表的参数来控制算法进程[146]。Cho 和 Kim[17] 最早将模拟退火算法应用于经典资源受限项目调度问题，采用优先权系数编码和并行 SGS 对该问题进行了求解，并对原有的优先权系统编码进行了改进，允许优先权系数为负数。Bouleimen 和 Lecocq[47] 提出了一种基于优先规则和串行 SGS 的模拟退火算法。Valls 和 Ballestín[101] 应用带有解码方向的任务列表编码和有偏随机抽样的模拟退火算法来处理 RCPSP 问题。

（4）微粒群算法

微粒群算法（Particle Swarm Optimization，PSO）是由 Kennedy 和 Eberhart 于 1995 年提出的一种新的智能优化算法，由于其具有易于理解、编程简单、算法直观的特点，在许多优化问题中得到了广泛的应用。Zhang 等学者首次将微粒群算法应用到 RCPSP 中，分别设计了基于串行 SGS[38] 和并行 SGS[37] 的微粒群算法，并针对这两种算法采用了不同的进化策略。Chen[86] 设计了基于带有解码方向任务列表编码的微粒群算法，并在微粒群算法中增加了修复技术(justification technique),该修复技术能够对串行 SGS 产生的调度方案进行微调,以进一步缩减项目工期。王巍和赵国杰[149]分别应用基于优先权系数和基于任务列表的微粒编码方法对 RCPSP 进行了研究,并针对同一个实例进行了测试。

(5)其他算法

相对于 GA、TS、SA 和 PSO 算法,其他算法的研究还比较少,彭武良和王成恩[138]提出了一种基于蚁群算法的项目调度方法,采用基于优先权排列的编码方式,并利用组合评估的形式指导蚂蚁移动。Rina 等[83]应用基于人工免疫系统的方法来求解资源受限项目调度问题,在算法中将种群的最优个体作为抗体注射到种群中,并结合遗传算法的进化机制进行个体进化,通过通用测试集(Project Scheduling Problem Library,PSPLIB)进行测试,结果表明该算法性能较为理想。Damak 等[72]提出了解决 MRCPSP 的一种差分进化算法,实验结果表明,该算法的优化效果优于文献[12]中的组合微粒群算法,但结果对种群大小非常敏感。

第 5 章 基于 CMOPSO 的软件项目群 多技能员工配置

人力资源是软件项目研发中最为重要的资源,只有合理地对员工进行组织和调度,才能更好地将软件员工的个人能力转换为企业的开发能力,使得软件开发过程有序和有效[141]。已有的文献主要集中在单个软件项目的多技能员工配置,尚未见到解决软件项目群多技能员工配置问题的相关文献。

本章首先针对软件项目群调度中多技能员工配置问题的特点,建立了以项目群的总工期及总费用最小为目标的调度模型;然后将云模型嵌入到基于 Pareto 的向量评价微粒群算法(Vector Evaluated Particle Swarm Optimization Based on Pareto,VEPSO-BP)[117] 中,提出了一种新的云多目标微粒群算法(Cloud Multi-Objective Particle Swarm Optimization,CMOPSO)[118],该算法结合任务分配矩阵及开工时间设计了微粒编码,并能根据微粒适应度自动调整惯性因子;最后结合软件研发案例测试了 CMOPSO 的性能,并与 VEPSO-BP 进行了对比,实验结果表明 CMOPSO 能取得更为丰富且优化效果更好的 Pareto 非支配解。

5.1 问题描述及其数学模型

软件项目群多技能员工配置问题可以描述为:软件项目组共有 E 名技术员工,每名技术员工 $e_k(k=1,2,\cdots,E)$ 具有不同的技能 $e_k^{skill} \subseteq \{SK\}$、薪资 e_k^{salary} 和周工时系数 e_k^{effort},其中 $\{SK\} = \{s_1,s_2,\cdots,s_K\}$ 表示技能集合,员工薪资为周薪,一般用货币度量。员工的周工时系数为无量纲量,用该员工一周的额定工作时间占周标准工作时间的比值表示,$e_k^{effort} \in [0,1]$。

如图 5-1 所示的软件项目组共有 20 名员工,其中员工 e_1 是全职的系统分析师,每周工作 40 小时,周薪为 3000 元人民币,掌握的技能包括 UML 设计(s_1)、设计数据库(s_2)、编程(s_6)以及系统实施和调试(s_8),假设该软件公司

$SK = \{s_1, s_2, s_3, s_4, s_5, s_6, s_7, s_8\}$

s_1:UML设计　　　　　　　　　s_5:设计功能模块
s_2:设计数据库　　　　　　　　s_6:编程
s_3:设计系统构架　　　　　　　s_7:测试
s_4:设计用户接口　　　　　　　s_8:系统实施和调试

$e_1^{skill} = \{s_1, s_2, s_6, s_8\}$　$e_2^{skill} = \{s_1, s_2, s_8\}$　$e_3^{skill} = \{s_3, s_4, s_8\}$　$e_4^{skill} = \{s_3, s_5\}$　…… $e_{20}^{skill} = \{s_6, s_7\}$

$e_1^{effort} = 1$　　　　$e_2^{effort} = 1$　　　$e_3^{effort} = 1$　　　$e_4^{effort} = 1$　…… $e_{20}^{effort} = 0.5$

$e_1^{salary} = 3000$　　$e_2^{salary} = 2000$　$e_3^{salary} = 2000$　$e_4^{salary} = 2500$　$e_{20}^{salary} = 1500$

图 5-1　软件公司多技能员工

实行每周 40 小时工作制,即周标准工作时间为 40 小时,则员工 e_1 周工时间系数就为 1;员工 e_2 是一位富有经验的数据库设计师,与 e_1 一样也是全职员工,每周工作 40 小时,周工时系数为 1,周薪 2000 元,掌握的技能包括 UML 设计(s_1)、设计数据库(s_2)和系统实施和调试(s_8)。另外,由于工作的需要,该项目组还聘请了一部分兼职员工,其中包括员工 e_{20},他是一位熟练的程序员,每周工作 20 小时,所以其周工时系数就为 0.5,周薪为 1500 元,掌握的技能包括编程(s_6)和测试(s_7)。

现有 N 个软件项目 $p_i(i = 1, 2, \cdots, N)$ 需并行执行,p_i^{num} 表示项目 p_i 的任务总数,则 N 个项目的任务总数为 $M = \sum_{i=1}^{N} p_i^{num}$,$a_{ij}$ 表示第 i 个项目中的第 j 项任务,每项任务有不同的技能 $a_{ij}^{skill} \subseteq \{SK\}$ 和工作量 a_{ij}^{effort} 需求,任务的工作量以(人·周)为单位。同一个项目中的任务有紧前紧后关系,不同项目间的任务无紧前紧后关系,并且假定,每名员工在同一时间,只能处理一项任务,每项任务可由多名员工共同完成。

软件项目群调度中的多技能员工配置问题是指如何合理分配技术员工并设定任务的实际开工时间,使得完成整个项目群所需的总工期和总费用最小。该问题的解决方案可用 $E \times M$ 的任务分配矩阵 $U = (u_{ijk})$ 和任务的实际开工时间 a_{ij}^{start} 来表示,其中决策变量 u_{ijk} 为 $(0,1)$ 变量,$u_{ijk} = 1$ 表示员工 e_k 参与 a_{ij} 的工作,$u_{ijk} = 0$ 表示员工 e_k 不参与任务 a_{ij}。由于员工在同一时间只能处理一项任务,员工 e_k 用于 a_{ij} 的周工时当量 $y_{ijk} = e_k^{effort} \cdot u_{ijk}$,周工时当量的单位为人,该变量描述了员工 e_k 在一周内完成的工作量相当于多少个技术员工在周标准工作时间内完成的工作量。

任务的分配方案确定后，就可计算任务工期 a_{ij}^{dur}：

$$a_{ij}^{\text{dur}} = \begin{cases} \text{int}(a_{ij}^{\text{effort}} / \sum_{k=1}^{E} y_{ijk}), & \text{if int}(a_{ij}^{\text{effort}} / \sum_{k=1}^{E} y_{ijk}) = a_{ij}^{\text{effort}} / \sum_{k=1}^{E} y_{ijk} \\ \text{int}(a_{ij}^{\text{effort}} / \sum_{k=1}^{E} y_{ijk}) + 1, & \text{if int}(a_{ij}^{\text{effort}} / \sum_{k=1}^{E} y_{ijk}) < a_{ij}^{\text{effort}} / \sum_{k=1}^{E} y_{ijk} \end{cases} \quad (5.1)$$

式(5.1)表示工期不足一周的，以一周计算，其中 $\text{int}(\cdot)$ 表示取整函数。由式(5.1)可知，任务的工期以周为单位，并为确定的单一数，所以本章采用确定型网络模型中的 AOA 网络对软件项目进行建模。

接着，通过关键路径法计算任务的最早开工时间 a_{ij}^{estart} 和最晚开工时间 a_{ij}^{lstart}，并求得项目 p_i 的工期：

$$p_i^{\text{dur}} = \sum_{\langle j | j \subseteq p_i^{\text{cpath}} \rangle} a_{ij}^{\text{dur}}$$

其中，p_i^{cpath} 表示项目 p_i 的关键路径。

最后，计算目标函数：项目群所需的总工期 PD 和总费用 PC：

目标函数 1：$\min PD = \max\{p_i^{\text{dur}}\}, i \in (i = 1, 2, \cdots, N)$ \quad (5.2)

目标函数 2：$\min PC = \sum_{i=1}^{N} \sum_{j=1}^{p_i^{\text{num}}} \sum_{k=1}^{E} e_k^{\text{salary}} \cdot y_{ijk} \cdot a_{ij}^{\text{dur}}$ \quad (5.3)

此外，在求解该问题的过程中，还需考虑以下这些约束条件：

约束条件 1：每项任务至少需分配 1 名员工。

$$\sum_{k=1}^{E} u_{ijk} > 0, \forall i \in (i = 1, 2, \cdots, N), j \in (j = 1, 2, \cdots, p_i^{\text{num}}) \quad (5.4)$$

约束条件 2：员工应具备完成该项任务所需的所有技能。

$$a_{ij}^{\text{skill}} \subseteq \bigcap_{\langle k | u_{ijk} = 1 \rangle} e_k^{\text{skill}}, \forall i \in (i = 1, 2, \cdots, N), j \in (j = 1, 2, \cdots, p_i^{\text{num}}) \quad (5.5)$$

约束条件 3：员工每周的实际工时当量不得超过其周工时系数。

$$e_k^{\text{work}}(t) \leqslant e_k^{\text{effort}}, \forall t \in (t = 1, 2, \cdots, PD), k \in (k = 1, 2, \cdots, E) \quad (5.6)$$

式(5.6)中 $e_k^{\text{work}}(t)$ 表示第 t 周员工 e_k 的实际工时当量，计算公式为：

$$e_k^{\text{work}}(t) = \sum_{i=1}^{N} \sum_{\langle j | a_{ij}^{\text{start}} \leqslant t < a_{ij}^{\text{start}} + a_{ij}^{\text{dur}} \rangle} y_{ijk}$$

约束条件 4：任务的实际开始时间必须在其最早开工时间与最晚开工时间之间：

$$a_{ij}^{\text{estart}} \leqslant a_{ij}^{\text{start}} \leqslant a_{ij}^{\text{lstart}}, \forall i \in (i = 1, 2, \cdots, N), j \in (j = 1, 2, \cdots, p_i^{\text{num}}) \quad (5.7)$$

约束条件 5：任务必须等待其所有紧前任务都完工后，才能开工。

$$\max\{a_{il}^{\text{finish}} \mid a_{il} \in Pa(a_{ij})\} \leqslant a_{ij}^{\text{start}}, \forall i \in (i = 1, 2, \cdots, N),$$
$$j \in (j = 1, 2, \cdots, p_i^{\text{num}}) \tag{5.8}$$

其中，$Pa(a_{ij})$ 表示任务 a_{ij} 的紧前任务集。

式(5.8)中 a_{ij}^{finish} 表示任务 a_{ij} 的实际完工时间，其计算公式为：

$$a_{ij}^{\text{finish}} = a_{ij}^{\text{start}} + a_{ij}^{\text{dur}}$$

5.2　基于 Pareto 的向量评价微粒群算法

由于我们所提出的云多目标微粒群算法是建立在基于 Pareto 的向量评价微粒群算法的基础上，并在算法性能测试中以该算法为参照，所以在本节中我们将首先对基于 Pareto 的向量评价微粒群算法进行介绍。

5.2.1　多目标优化问题

多目标优化可以描述为：一个由满足一定约束条件的决策变量组成的向量，使得一个由多个目标函数组成的向量函数最优化[133]，其数学模型为：

$$\min_{x \in \Omega} F(x) = (f_1(x), f_2(x), \cdots, f_p(x))^T, x = (x_1, x_2, \cdots, x_m)^T$$
$$\text{s. t. } h_k(x) \leqslant 0, (k = 1, 2, \cdots, q)$$

其中，$x \in \mathbf{R}^m$ 为决策向量；$F(x) \in \mathbf{R}^p$ 为目标向量；Ω 为多目标问题的可行域；$f_i(x)(i = 1, 2, \cdots, p)$ 是目标函数；$h_k(x) \leqslant 0$ 是约束条件。下面给出多目标优化中常用的几个定义。

定义 5.1(Pareto 支配)[170]　设 $u, v \in \mathbf{R}^m$，称向量 u 支配(Dominate)向量 v，记为 $u < v$，当且仅当：

(1) $f_i(u) \leqslant f_i(v), \forall i \in (i = 1, 2, \cdots, p)$

(2) $f_j(u) < f_j(v), \exists j \in (j = 1, 2, \cdots, p)$

定义 5.2(Pareto 最优解)[46]　设 $x \in \Omega$ 为可行域内的决策向量，称 x 为多目标优化问题的 Pareto 最优解，当且仅当不存在决策向量 $x' \in \Omega$，使得 $v = (f_1(x'), f_2(x'), \cdots, f_p(x'))$ 支配 $u = (f_1(x), f_2(x), \cdots, f_p(x))$。

在多目标优化问题中，Pareto 最优解是指在问题可行域中没有其他解能够支配它，所以 Pareto 最优解也称为 Pareto 非支配解。

定义 5.3(Pareto 最优解集)[46]　对于一个给定的多目标优化问题 $F(x)$，Pareto 最优解集 P 定义为：$P = \{x \in \Omega \mid \rightarrow \exists x' \in \Omega, F(x') < F(x)\}$

定义 5.4(Pareto 前沿)[46]　对于一个给定的多目标优化问题 $F(x)$ 和一个给

定的 Pareto 最优解集 P，Pareto 前沿 PF 可定义为 $PF = \{u = F(x) \mid F(x) \in P\}$。

5.2.2　微粒群算法概述

　　微粒群算法是 Kennedy 和 Eberbart[49]在 1995 年的 IEEE 国际神经网络学术会议上提出的一种新的智能优化算法,该算法是基于对鸟群觅食行为的模拟和仿真发展起来的,它将鸟类个体抽象为一个没有质量和体积的微粒。微粒在解空间中以一定的速度飞行,飞行速度由微粒个体的飞行经验和其他微粒群体的飞行经验进行动态的进化更新,使微粒逐步到达最佳位置,从而取得最佳适应值[109]。在该算法中,每一微粒代表优化问题的一个可行方案,并且这个微粒可以通过它的位置和速度来定义。

　　在微粒群算法[49]中,每个微粒可以看做是搜索空间中的一个点。假设在 D 维搜索空间中有 M 个微粒组成初始微粒群,那么 t 时刻第 i 个微粒的位置可定义为 $x_i(t) = \{x_{i1}(t), x_{i2}(t), \cdots, x_{iD}(t)\}$,其中 $x_{iD}(t)$ 表示微粒位置在第 D 维上的分量;微粒的速度可定义为 $v_i(t) = \{v_{i1}(t), v_{i2}(t), \cdots, v_{iD}(t)\}$,其中 $v_{iD}(t)$ 表示微粒速度在第 D 维上的分量。在微粒的飞行过程中,它自身所经历的最优位置即局部最优位置记为 $pbest_i = \{pbest_{i1}, pbest_{i2}, \cdots, pbest_{iD}\}$;所有微粒经历的最优位置即全局最优位置记为 $gbest = \{gbest_1, gbest_2, \cdots, gbest_D\}$,并且微粒位置和速度要按照如下的进化方程进行更新:

$$v_{id}(t+1) = \omega \times v_{id}(t) + c_1 \times r_1 \times (pbest_{id} - x_{id}(t)) + c_2 \times r_2 \times$$
$$(gbest_d - x_{id}(t)) \tag{5.9}$$
$$x_{id}(t+1) = v_{id}(t+1) + x_{id}(t) \tag{5.10}$$

其中, $x_{id}(t)$, $v_{id}(t)$, $pbest_{id}$, $gbest_d$ 分别为 t 时刻第 i 个微粒在第 D 维分量上的位置、速度、局部最优位置和全局最优位置; ω 为惯性因子; c_1, c_2 为微粒的加速因子; r_1, r_2 为两个在 $[0,1]$ 范围内变化的随机数。在式(5.9)中,第一部分为微粒当前的飞行速度,表示微粒对自身飞行状态的记忆;第二部分为认知部分,表示微粒个体的飞行经验,并调节微粒向其自身的最佳位置飞行;第三部分为社会部分,表示微粒与其他微粒间的信息共享和相互作用,并调节微粒向所有微粒的最佳位置飞行。

　　在微粒群算法中,一般用惯性因子 ω 来控制微粒的全局搜索和局部搜索能力,惯性因子 ω 的值越大,全局搜索能力越强,而局部搜索能力越弱;反之,惯性因子 ω 的值越小,则局部搜索能力越强,而全局搜索能力越弱。微粒加速因子 c_1, c_2 决定了微粒个体认识和社会认知之间的相互影响。

　　微粒群算法的实现步骤如下:

步骤 1:随机产生 M 个微粒,并初始化每个微粒的位置和速度。

步骤 2:根据优化问题的目标函数计算各微粒的适应值。

步骤 3:初始化每个微粒的局部最优位置和所有微粒的全局最优位置。

步骤 4:按进化方程式(5.9)和式(5.10)更新各微粒的位置和速度。

步骤 5:更新每个微粒的局部最优位置和所有微粒的全局最优位置,更新方式如下:

如果当前微粒位置的适应值小于其局部最优位置的适应值,则将当前微粒的微粒位置作为其局部最优位置。

如果更新后的微粒中存在一个微粒的微粒位置的适应值小于目前全局最优位置的适应值,则将该微粒的微粒位置作为所有微粒的全局最优位置。

步骤 6:重复步骤 4 和步骤 5,直至满足结束条件(达到最大迭代次数或取得预期的优化目标)。

微粒群算法由于没有选择、交叉和变异操作,所以相对于遗传算法等其他优化算法,算法结构较为简单,也易于实现。但在算法的运行过程中,如果某个微粒发现一个全局最优位置,其他微粒将迅速向其靠拢,容易使算法陷入局部最优,出现所谓的早熟现象(过早收敛)。

根据文献[23]的分类方法,目前将微粒群算法扩展到多目标优化问题的方法主要有以下几种。

1. 权重法(Weighted-sum Approach)

权重法是通过对多目标优化问题的各个目标函数设置不同权重,将多目标优化问题转化为单目标优化问题来进行求解的一种方法。这种方法通过设置不同的权重系数,能够获得不同的 Pareto 最优解,但是权重法存在着一些不可克服的缺点:首先决策者在设置各个优化目标的权重时往往带有一定的主观性和随机性;其次权重法每次只能给出一种最优方案,不可避免地可能遗漏掉更适合实际问题的其他方案[116]。如 Parsopoulos[77] 和 GUO[35] 等人的研究。

2. 字典序法(Lexicographic Approach)

字典序法是根据先验知识对各个目标函数进行排序,然后按目标的重要程度依次对各个目标进行优化。字典序法一般适用于目标函数个数较少(2~3 个)的多目标优化问题,其缺点是对目标函数的排序比较敏感,各个目标的重要程度不容易确定。比较有代表性的如 Hu 和 Eberhart[40] 所提出的基于动态邻域策略的多目标微粒群算法,该算法针对由 2 个目标函数构成的多目标优化问题,首先根据第 1 个目标函数来计算当前微粒与其他微粒间的距离,并根据距离建立若干个邻域,然后根据第 2 个目标函数求出各个邻域内的最优解。

3. 多子群法(Sub-population Approaches)

多子群法是将微粒群划分为若干个子群,每一子群只负责某一个目标函数的优化,并且通过各个子群之间的信息交流或信息重组来产生整个微粒群体的最优解。

例如,Omkar 等学者提出的向量评价微粒群算法(Vector Evaluated Particle Swarm Optimization,VEPSO)[74],该算法的基本思想来源于向量评价遗传算法(Vector Evaluated Genetic Algorithm,VEGA)。VEPSO 将微粒群划分为 p 个规模相等的子群,分别对 p 个目标函数进行优化,其子群 k 中微粒 i 的局部最优位置 $pbest_{ki} = \{pbest_{ki1}, pbest_{ki2}, \cdots, pbest_{kiD}\}$ 和全局最优位置 $gbest_k = \{gbest_{k1}, gbest_{k2}, \cdots, gbest_{kD}\}$ 的更新方式如下:

假如子群 k 中微粒 i 的第 k 个目标函数值小于 $pbest_{ki}$ 的第 k 个目标函数值,则将微粒 i 的位置 x_{ki} 作为 $pbest_{ki}$。

将子群 1 中第 1 个目标函数值最小的微粒位置作为子群 p 的全局最优位置 $gbest_p$;将子群 2 中第 2 个目标函数值最小的微粒位置作为子群 1 的全局最优位置 $gbest_1$;将子群 3 中第 3 个目标函数值最小的微粒位置作为子群 2 的全局最优位置 $gbest_2$;依此类推,将子群 k 中第 k 个目标函数值最小的微粒位置作为子群 $k-1$ 的全局最优位置 $gbest_{k-1}$;最后,将子群 p 中第 p 个目标函数值最小的微粒位置作为子群 $p-1$ 的全局最优位置 $gbest_{p-1}$。

子群法的优点是生成 Pareto 非支配解的数量较其他算法多;但缺点是:如果优化问题的目标函数个数较多时,所需的子群数量也会同比增大,会使算法的计算量和复杂性快速增大。

4. 基于 Pareto 法(Pareto-based Approaches)

基于 Pareto 法应用基于 Pareto 支配的精英筛选策略来生成多目标问题的最优解。在该类多目标微粒群算法中,需要一个外部精英集来保留微粒群到当前位置所发现的所有 Pareto 非支配解。在算法的迭代过程中,局部最优位置的更新方法有以下几种[164]:

(1)只有当微粒的当前位置支配其局部最优位置时,才更新局部最优位置,否则不更新。

(2)如果微粒的当前位置支配其局部最优位置时,则用当前位置更新局部最优位置;如果两者互补支配,则从两者中随机选择一个更新局部最优位置。

(3)如果微粒的当前位置支配其局部最优位置时,则用当前位置更新局部最优位置;如果两者互补支配,则直接用当前位置更新局部最优位置。

基于 Pareto 的多目标微粒群算法是目前应用最为广泛的一种方法。如何

在外部精英集中选择合适的全局最优位置,一直是该方法有待解决的一个难点。目前常用的方法有[151]:

(1)从外部精英集中随机选取一个非支配解作为全局最优位置。

(2)采用轮盘赌概率方法从外部精英集中选取一个非支配解作为全局最优位置。

(3)采用 Mostaghim 等[69]所提出的 sigma 策略,从外部精英集中选取 sigma 值最小的非支配解作为全局最优位置。

5.2.3　基于 Pareto 的向量评价微粒群算法设计

基于 Pareto 的向量评价微粒群算法将传统多目标微粒群算法中的多子群法和基于 Pareto 法有机结合在一起,它和向量评价微粒群算法[74]一样,都是基于联合进化(Co-evolutionary)技术的多目标微粒群算法,其核心思想是将微粒群划分为若干个种群规模相等的子微粒群分别对多个目标函数进行优化,并且各个子微粒群的适应值要受到其他子微粒群的影响。VEPSO-BP 详细算法如下:有 p 个种群规模都为 Q 的子微粒群 $Subswm_1$,$Subswm_2$,$\cdots$,$Subswm_p$ 同时对多目标优化问题的 p 个目标函数进行优化,其中第 k 个子微粒群 $Subswm_k$ 只负责优化第 $k(k=1,2,\cdots,p)$ 个目标函数 $f_k(x)$。

VEPSO-BP 在局部最优位置的更新方式上与 VEPSO 一致,即第 k 个子微粒群的局部最优位置 $pbest_k$ 是按照第 k 个目标函数进行更新,但在全局最优位置的赋值和更新上,VEPSO-BP 与 VEPSO 有本质区别:VEPSO-BP 需要建立一个外部精英集,并将所有 p 个子微粒群中的 Pareto 非支配解都放入该精英集中,程序迭代时,需按照一定的算法从外部精英集中取 p 个 Pareto 非支配解(可重复)分别作为各个子微粒群的全局最优位置,具体选取算法为:对应外部精英集中的每个非支配解,将 $f_1(x)$ 最小的非支配解的微粒位置作为第 p 个子微粒群的全局最优位置 $gbest_p$,将 $f_2(x)$ 最小的非支配解的微粒位置作为第 1 个子微粒群的全局最优位置 $gbest_1$,将 $f_3(x)$ 最小的非支配解的微粒位置作为第 2 个子微粒群的全局最优位置 $gbest_2$,以此类推,将 $f_p(x)$ 最小的非支配解的微粒位置作为第 $p-1$ 个子微粒群的全局最优位置 $gbest_{p-1}$。通过这种交叉选取的方法,使得各个子微粒群都能共享外部精英集中所有非支配解的信息,进而指导微粒尽快向 Pareto 前沿靠近。此外,适用于 VEPSO-BP 的进化方程为:

$$v_{kad}(t+1) = \omega_k \times v_{kad}(t) + c_{k1} \times r_1 \times [pbest_{kad} - x_{kad}(t)] + c_{k2} \times$$
$$r_2 \times [gbest_{kd} - x_{kad}(t)] \tag{5.11}$$

$$x_{kad}(t+1) = x_{kad}(t) + v_{kad}(t+1) \tag{5.12}$$

其中,$x_{kad}(t)$,$v_{kad}(t)$,$pbest_{kad}$,$gbest_{kd}$ 分别是 t 时刻子微粒群 k 中的第 a 个微粒

在第 D 维分量下的坐标、速度、局部最优位置和全局最优位置；ω_k 为惯性权值；c_{k1}，c_{k2} 是微粒的加速因子；r_1，r_2 是两个在 $[0,1]$ 范围内变化的随机数。

由于基于 Pareto 的向量评价微粒群算法综合了多目标微粒群算法中"多子群法"和"基于 Pareto 法"各自的优点，所以在相同的优化条件下，往往比一般的多目标微粒群算法（如向量评价微粒群算法 VEPSO）能取得更好的优化效果和更多的 Pareto 非支配解[116,117]。

5.3　云多目标微粒群算法

为了有效平衡 VEPSO-BP 算法的全局搜索及局部搜索能力，我们将云模型[128]嵌入到 VEPSO-BP 中，提出了一种新的云多目标微粒群算法（CMOPSO）。CMOPSO 将只适用于单目标优化问题的云自适应微粒群算法[154]扩展到多目标优化领域，并改进了文献[154]中的惯性因子生成策略，将原本固定的惯性因子上下限调整为可变动的惯性因子阈值。所以与 VEPSO-BP 相比，能取得更为丰富且优化效果更好的 Pareto 非支配解，并能有效避免过早收敛问题的发生。

5.3.1　云模型概述

云模型是李德毅教授在随机理论和模糊理论的基础上提出的定性定量转换模型。该模型是对模糊理论隶属函数概念的创新与发展，已成功应用于智能控制、数据挖掘和进化算法等领域。云的数字特征用期望 E_x、熵 E_n 和超熵 H_e 来表示，其中正态云模型[128]是最基本的云模型。正态云模型及其数学特征如图 5-2 所示。

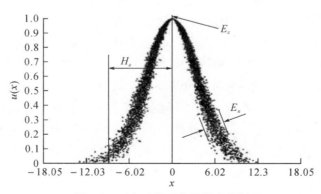

图 5-2　正态云模型及其数字特征

5.3.2　云多目标微粒群算法设计

在云多目标微粒群算法中,整个微粒群系统由 p 个子微粒群 $Subpop_1$, $Subpop_2$,$\cdots$,$Subpop_p$ 构成,每个子微粒群的种群规模都为 Q,且子群 $Subpop_k$ 中的第 i 个微粒 $Swarm_{ki}(i=1,2,\cdots,Q)$ 根据第 k 个目标函数 $f_k(x)$ 计算其适应度 f_{ki}。在该算法中,我们根据微粒的适应度将每个子微粒群划分为三个阶层,具体划分方法如下:

首先计算子微粒群 $Subpop_k(k=1,2,\cdots,p)$ 中微粒的平均适应度:

$$f_{kavg} = \frac{1}{Q}\sum_{i=1}^{Q} f_{ki}$$

将适应度小于 f_{kavg} 的适应度求平均得到 $f_{kavg}{}'$,适应度大于 f_{kavg} 的适应度求平均得到 $f_{kavg}{}''$,然后根据以下策略生成子微粒群 $Subpop_k$ 中微粒的惯性因子 $\omega_k \in [\omega_{min},\omega_{max}]$:

(1) $f_{ki} < f_{kavg}{}'$

适应度小于 $f_{kavg}{}'$ 的微粒,是子微粒群 $Subpop_k$ 中较为优秀的粒子,可采用较小的惯性因子 $\omega_{k1}=\omega_{min}$,以增强其局部的搜索能力。

(2) $f_{kavg}{}' \leqslant f_{ki} < f_{kavg}{}''$

该阶层中的微粒是子微粒群中较为一般的粒子,利用云模型生成微粒的惯性因子 ω_{k2}:

$$E_x = f_{kavg}{}', E_n = (f_{kavg}{}' - f_{kmin})/h_1, H_e = E_n/h_2$$

$$E_n{}' = \text{normrnd}(E_n,H_e),\ \omega_{k2} = \omega_{max} - (\omega_{max} - \omega_{min}) \cdot e^{\frac{-(f_{ki}-E_x)^2}{2(E_n{}')^2}}$$

其中,f_{kmin} 为子微粒群 $Subpop_k$ 中最优粒子的适应度;$\text{normrnd}(E_n,H_e)$ 表示生成一个以 E_n 为期望值、H_e 为标准差的正态随机数;h_1,h_2 为控制参数。

由数学极限定理易知:

$$0 < e^{\frac{-(f_{ki}-E_x)^2}{2(E_n{}')^2}} < 1$$

故 $\omega_{k2} \in (\omega_{min},\omega_{max})$。

(3) $f_{ki} \geqslant f_{kavg}{}''$

该阶层中的微粒是子微粒群中较差的粒子,其惯性因子 $\omega_{k3}=\omega_{max}$。

CMOPSO 在外部精英集、局部最优位置和全局最优位置的初始化及更新方式上和 VEPSO-BP 一致,适用于 CMOPSO 的进化方程为:

$$v_{kad}(t+1) = \omega_{ks} \cdot v_{kad}(t) + c_{k1} \cdot r_1 \cdot [pbest_{kad} - x_{kad}(t)] + c_{k2} \cdot r_2 \cdot$$
$$[gbest_{kd} - x_{kad}(t)] \tag{5.13}$$

$$x_{kad}(t+1)=x_{kad}(t)+v_{kad}(t+1) \tag{5.14}$$

其中，$x_{kad}(t)$，$v_{kad}(t)$，$pbest_{kad}$，$gbest_{kd}$ 分别是 t 时刻第 k 个子微粒群中第 a 个微粒在第 D 维分量下的坐标、速度、局部最优位置和全局最优位置。ω_{ks} 为第 k 个子微粒群第 $s(s=1,2,3)$ 个阶层中微粒的惯性因子；c_{k1}，c_{k2} 是微粒的加速因子；r_1，r_2 是两个在 $[0,1]$ 范围内变化的随机数。

5.4 基于 CMOPSO 的软件项目群多技能员工配置算法

5.4.1 编码设计

本章将任务的分配矩阵和实际开工时间作为编码对象。对应 CMOPSO，可以把多技能员工配置问题的可行解空间假想为微粒的 M 维搜索空间，M 代表项目群的任务总数。微粒位置 $x_{ka}=(x_{ka1},x_{ka2},\cdots,x_{kad},\cdots,x_{kaM})$ 对应问题的一个可行解，其第 d 维分量 $x_{kad}(a=1,2,\cdots,Q;d=1,2,\cdots,M)$ 对应第 $(d=j-p_i^{\text{num}}+\sum_{k=1}^{i}p_k^{\text{num}})$ 个任务的决策变量 u_{ijk} 和实际开工时间 a_{ij}^{start}，具体的编码方式如图 5-3 所示。

x_{ka}	x_{ka1}	u_{111}	u_{112}	…	u_{11E}	a_{11}^{start}
	⋮	⋮	⋮	…	⋮	⋮
	x_{kad}	u_{ij1}	u_{ij2}	…	u_{ijE}	a_{ij}^{start}
	⋮	⋮	⋮	…	⋮	⋮
	x_{kaM}	$u_{Np_N^{\text{num}}1}$	$u_{Np_N^{\text{num}}2}$	…	$u_{Np_N^{\text{num}}E}$	$a_{Np_N^{\text{num}}}^{\text{start}}$

图 5-3 CMOPSO 微粒位置编码方案

微粒速度的编码方式和微粒位置一致，也由两部分组成：控制决策变量的速度分量 vu_{ijk} 和控制实际开工时间的速度分量 va_{ij}^{start}，编码方式如图 5-4 所示。

v_{ka}	v_{ka1}	vu_{111}	vu_{112}	…	vu_{11E}	va_{11}^{start}
	⋮	⋮	⋮	…	⋮	⋮
	v_{kad}	vu_{ij1}	vu_{ij2}	…	vu_{ijE}	va_{ij}^{start}
	⋮	⋮	⋮	…	⋮	⋮
	v_{kaM}	$vu_{Np_N^{\text{num}}1}$	$vu_{Np_N^{\text{num}}2}$	…	$vu_{Np_N^{\text{num}}E}$	$va_{Np_N^{\text{num}}}^{start}$

图 5-4 CMOPSO 微粒速度编码方案

5.4.2　算法流程

步骤 1: 随机产生 2 个种群规模都为 Q 的子微粒群 Subpop_1,Subpop_2,其中 Subpop_1 用以优化总工期 PD,Subpop_2 用以优化总费用 PC,并初始化所有微粒的位置和速度。

步骤 1.1: 初始化微粒位置中的决策变量,以确定所有任务的员工分配。决策变量 u_{ijk} 可在 $[0,1]$ 中随机产生,但必须满足式(5.4)和式(5.5)的约束;然后根据式(5.1)计算任务的工期,并确定项目的关键路径;最后计算所有任务的最早开工时间、最迟开工时间和松弛时间。松弛时间 a_{ij}^{ftime} 的计算公式如下:

$$a_{ij}^{\text{ftime}} = a_{ij}^{\text{lstart}} - a_{ij}^{\text{estart}}$$

步骤 1.2: 初始化微粒位置中的实际开工时间。

a_{ij}^{start} 首先可在 $[a_{ij}^{\text{estart}}, a_{ij}^{\text{lstart}}]$ 上随机产生,并检查是否满足式(5.8),如果不满足就在 $[\max\{\max\{a_{il}^{\text{finish}} \mid a_{il} \in Pa(a_{ij})\}, a_{ij}^{\text{estart}}\}, a_{ij}^{\text{lstart}}]$ 上再随机产生一次。

步骤 1.3: 初始化微粒速度。为防止微粒速度 v_{kad} 过大,可通过微粒最大速度 $v_{d\max}$ 来对微粒速度进行限制: $v_{d\max} = (vu_{ij1\max}, vu_{ij2\max}, \cdots, vu_{ijE\max}, va_{ij\max}^{\text{start}})$,其中控制决策变量的微粒最大速度分量 $vu_{ij1\max} = vu_{ij2\max} = \cdots = vu_{ijE\max} = 1$,控制实际开工时间的微粒最大速度分量 $va_{ij\max}^{\text{start}}$ 与该任务的松弛时间成正比,即 $va_{ij\max}^{\text{start}} = \beta \cdot a_{ij}^{\text{ftime}}, 0.1 \leqslant \beta \leqslant 1$。

步骤 1.4: 根据式(5.2)和式(5.3)计算每一微粒所对应的总工期和总费用。

步骤 2: 逐一检查步骤 1 生成的微粒是否满足式(5.6)的约束。如果满足,执行步骤 2.1;如果不满足,执行步骤 2.2。

步骤 2.1: 执行后续微粒的检查,如果所有微粒检查完毕,执行步骤 3。

步骤 2.2: 在满足式(5.4)和式(5.5)约束的前提下,将超负荷工作员工所负担的多余任务尝试转交给其他员工处理,如果某项任务找不到合适的员工来交接,则直接取消超负荷工作员工参与该项任务。

步骤 2.3: 按步骤 1 的方法重新计算任务的各项时间参数和项目群的总工期和总费用。

步骤 2.4: 重新检查步骤 2.2 修复后的微粒是否满足式(5.6)。如果满足,执行步骤 2.1;如果不满足,执行步骤 2.2。

步骤 3: 初始化外部精英集。

首先将第一个子微粒群中的第一个微粒放入外部精英集中,然后对随后随机产生的每个微粒与精英集中的所有微粒进行比较。比较规则如下:

规则 1: 如果精英集中的某个微粒的总工期和总费用均大于此微粒,则将精英集中的那个微粒从精英集中删去。

规则 2：如果精英集中存在一个微粒，其总工期和总费用均小于该微粒，则该微粒不添加到精英集中，否则，将该微粒添加到精英集中。

如此初始化结束后，精英集中保存的就是目前所有子微粒群所能得到的全体非支配解。

步骤 4：初始化每个子微粒群的全局最优位置和每个微粒的局部最优位置。

步骤 5：按进化方程更新所有微粒的位置和速度。

由于在该问题中，任务的决策变量和实际开工时间都为整数量，所以必须对式(5.13)进行取整，以保证微粒速度和位置都为整数，修改后的进化方程为：

$$v_{kad}(t+1) = \text{int}(\omega_{ks} \cdot v_{kad}(t)) + \text{int}(c_{k1} \cdot r_1 \cdot [pbest_{kad} - x_{kad}(t)]) +$$
$$\text{int}(c_{k2} \cdot r_2 \cdot [gbest_{kd} - x_{kad}(t)]) \tag{5.15}$$

$$x_{kad}(t+1) = x_{kad}(t) + v_{kad}(t+1) \tag{5.16}$$

其中，式(5.15)中的 int 为取整函数。

最后检查所产生的新微粒是否满足所有的约束条件，如果不满足，通过步骤 1 和步骤 2 中的方法对微粒进行修复，使之满足式(5.4)至式(5.8)的约束。

步骤 6：按步骤 3 中的比较规则更新外部精英集。

步骤 7：更新每个微粒的局部最优位置和每个子微粒群的全局最优位置。

如果 x_{ka} 的第 k 个目标函数值小于局部最优位置 $pbest_{ka}$ 的第 k 个目标函数值，则将 x_{ka} 作为局部最优位置 $pbest_{ka}$。对应外部精英集中的所有非支配解，将第 1 个目标函数 PD 最小的非支配解的微粒位置作为 $gbest_2$，将第 2 个目标函数最小的非支配解的微粒位置作为 $gbest_1$。

步骤 8：重复步骤 5 至步骤 7 直至达到给定的最大迭代次数 $t_{\max}$，此时外部记忆体中所保存的数据就是算法所得到的 Pareto 最优解集。

5.5　案例分析

5.5.1　应用案例

不失一般性，一个由 20 位技术员工组成的项目组，其技能的详细信息如表 5-1 所示。该项目组承接的 2 项网站开发项目需并行执行，项目网络如图 5-5 和图 5-6 所示，项目任务的具体信息如表 5-2 和表 5-3 所示，员工的具体信息如表 5-4 所示。

表 5-1　技能信息

代码	名称	代码	名称
s_1	UML 设计	s_5	设计功能模块
s_2	设计数据库	s_6	编程
s_3	设计系统构架	s_7	测试
s_4	设计用户接口	s_8	系统实施和调试

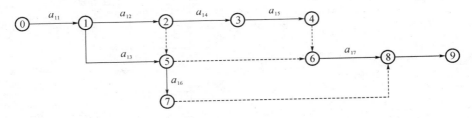

图 5-5　软件项目网络(项目一)

表 5-2　任务信息(项目一)

代码	名称	所需技能	工作量(人·周)	紧前任务集
a_{11}	用户需求分析	s_1	5	/
a_{12}	数据库设计	s_2,s_6	20	a_{11}
a_{13}	网页模板设计	s_3	10	a_{11}
a_{14}	程序设计	s_6	50	a_{12}
a_{15}	系统测试	s_7	50	a_{14}
a_{16}	制作数据库文档	s_1,s_2	15	a_{12}，a_{13}
a_{17}	制作用户帮助文档	s_6	10	a_{13}，a_{15}
a_{18}	系统发布	s_8	10	a_{16}，a_{17}

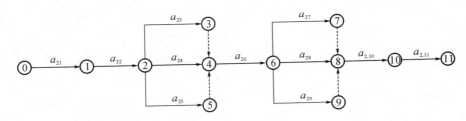

图 5-6　软件项目网络(项目二)

表 5-3　任务信息(项目二)

代码	名称	所需技能	工作量(人·周)	紧前任务集
a_{21}	用户需求分析	s_1	5	/
a_{22}	网站构架设计	s_3	20	a_{21}
a_{23}	网站用户接口设计	s_4	10	a_{22}
a_{24}	功能模块设计	s_5	10	a_{22}
a_{25}	网站数据库设计	s_2	10	a_{22}
a_{26}	网站构架编程	s_6	20	a_{23},a_{24},a_{25}
a_{27}	用户接口编程	s_6	15	a_{26}
a_{28}	功能模块编程	s_6	15	a_{26}
a_{29}	数据库编程	s_6	15	a_{26}
$a_{2.10}$	网站集成	s_6	20	a_{27},a_{28},a_{29}
$a_{2.11}$	集成测试	s_7	20	$a_{2.10}$

对应总工期、总费用 2 个目标,需设置 2 个子微粒群。令每个子微粒群的种群规模 $Q=10$,设置最大迭代次数 $t_{max}=1000$,控制任务实际开工时间的最大速度分量 $va_{ij\,max}^{start}=0.5 \cdot a_{ij}^{ftime}$,对应 CMOPSO,惯性因子的上下界分别设为: $\omega_{max}=1,\omega_{min}=0.4$;对应 VEPSO-BP,惯性因子设为 $\omega=1$。

表 5-4　员工信息

代码	所拥有技能	周工时系数	周薪(万元)
e_1	s_1,s_2,s_6,s_8	1	0.3
e_2	s_1,s_2,s_8	1	0.2
e_3	s_3,s_4,s_8	1	0.2
e_4	s_3,s_5	1	0.25
e_5	s_1,s_2,s_3	1	0.25
e_6	s_2,s_3,s_5	1	0.25
e_7	s_2,s_4,s_6	1	0.2
e_8	s_6,s_7	0.5	0.15
e_9	s_2,s_6,s_7	1	0.15
e_{10}	s_2,s_6,s_7	0.5	0.2
e_{11}	s_6,s_7	1	0.15
e_{12}	s_7,s_8	1	0.15

续表

代码	所拥有技能	周工时系数	周薪（万元）
e_{13}	s_2，s_6，s_7	1	0.2
e_{14}	s_2，s_6，s_7	1	0.2
e_{15}	s_1，s_6	1	0.25
e_{16}	s_6，s_7	1	0.15
e_{17}	s_2，s_4，s_6	1	0.2
e_{18}	s_6，s_7，s_8	0.5	0.15
e_{19}	s_6，s_7	0.5	0.15
e_{20}	s_6，s_7	0.5	0.15

5.5.2　计算结果分析

为了比较 CMOPSO 和 VEPSO-BP 的收敛速度和执行效率,我们记录下每次迭代后得到的非支配解中的最小总工期 $PD_{\min}$、最小总费用 $PC_{\min}$,经过整理后,得到表 5-5。

表 5-5　收敛速度对比

算法	迭代次数	$PD_{\min}$	$PC_{\min}$	算法	迭代次数	$PD_{\min}$	$PC_{\min}$
CMOPSO	1	72	69.525	VEPSO-BP	1	72	69.525
	8	70	68.5		72	68.675	
	25	64	68.5		66	70	68.5
	61	59	66.725		117	64	66.725
	89	59	60.7		148	63	66.275
	115	54	59.05		151	63	64.775
	345	49	55.65		163	63	62.975
	423	48	54.875		174	63	61.95
	1000	48	54.875		1000	63	61.95

从表 5-5 可知,CMOPSO 经过 423 次迭代计算后,各项优化指标已和 1000 次迭代后一致,我们认为算法在经过 423 次迭代后得到收敛,此时共得到 23 个非支配解,而 VEPSO-BP 经过 174 次迭代后得到收敛,共得到 7 个非支配解。所以在收敛速度上,CMOPSO 要慢于 VEPSO-BP,但最小总工期和最小总费用分别比 VEPSO-BP 降低了 23.81% 和 11.42%。两种算法最终得到的 Pareto

曲线如图 5-7 所示。

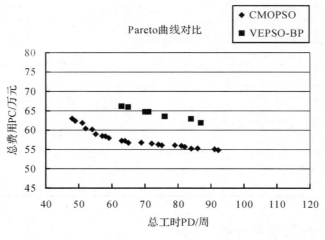

图 5-7　Pareto 曲线对比

从图 5-7 可知,CMOPSO 有 21 个解优于 VEPSO-BP;而 VEPSO-BP 所得到的解均劣于 CMOPSO。另外,为了比较两种算法所得到的非支配解的分布性,我们采用基于海明(Hamming)距离的均匀性指标 SP[123],其定义为:

$$\mathrm{SP} = \sqrt{\frac{1}{n-1}\sum_{i=1}^{n}(\bar{d}-d_i)^2},\ \bar{d}=\frac{1}{n}\sum_{i=1}^{n}d_i$$

$$d_i = \min\{\sum_{k=1}^{p} \mid f_k^i(x)-f_k^i(x)\mid\},j=1,2,\cdots,n,j\neq i$$

其中, n 为算法所得非支配解的个数; p 为目标函数的个数; d_i 表示第 i 个非支配解对应目标向量与其最靠近的目标向量之间的距离。SP 值越小,非支配解前沿分布越均匀,经计算得:

$$\mathrm{SP}_{\mathrm{CMOPSO}} = 0.578, \mathrm{SP}_{\mathrm{VEPSO-BP}} = 1.859$$

从以上分析可知,CMOPSO 得到的非支配解要优于 VEPSO-BP,且分布也较 VEPSO-BP 均匀。表 5-6 和表 5-7 给出了 CMOPSO 算法得到的最小总工期和最小总费用所在的那部分非支配解。

表 5-6　CMOPSO 所得到的部分 Pareto 非支配解(PD=48,PC=63.125)

	a_{11}	a_{12}	a_{13}	a_{14}	a_{15}	a_{16}	a_{17}	a_{18}	a_{21}	a_{22}	a_{23}	a_{24}	a_{25}	a_{26}	a_{27}	a_{28}	a_{29}	$a_{2,10}$	$a_{2,11}$
u_1	0	0	0	0	0	0	0	0	0	0	0	0	0	0	0	0	0	0	0
u_2	1	0	0	0	0	1	0	1	0	0	0	0	1	0	0	0	0	0	0
u_3	0	0	1	0	0	0	0	1	0	1	1	0	0	0	0	0	0	0

续表

	a_{11}	a_{12}	a_{13}	a_{14}	a_{15}	a_{16}	a_{17}	a_{18}	a_{21}	a_{22}	a_{23}	a_{24}	a_{25}	a_{26}	a_{27}	a_{28}	a_{29}	$a_{2,10}$	$a_{2,11}$
u_4	0	0	1	0	0	0	0	0	0	1	0	1	0	0	0	0	0	0	0
u_5	1	0	0	0	0	1	0	0	0	1	0	0	0	0	0	0	0	0	0
u_6	0	0	1	0	0	0	0	0	0	1	0	0	0	0	0	0	0	0	0
u_7	0	1	0	1	0	0	0	0	0	0	0	0	0	0	1	0	0	0	0
u_8	0	0	0	1	0	0	0	0	0	0	0	0	0	0	0	0	1	1	1
u_9	0	1	0	1	1	0	1	0	0	0	0	0	0	0	0	0	0	0	0
u_{10}	0	0	0	0	0	0	0	0	0	0	0	0	0	0	0	0	0	0	0
u_{11}	0	0	0	1	1	0	1	0	0	0	0	0	0	0	0	0	0	0	0
u_{12}	0	0	0	0	1	0	0	1	0	0	0	0	0	0	0	0	0	0	1
u_{13}	0	1	0	0	0	0	0	0	0	0	0	0	0	1	0	1	0	0	0
u_{14}	0	0	0	0	0	0	0	0	0	0	0	0	0	1	0	0	1	1	1
u_{15}	0	0	0	0	0	0	0	1	0	0	0	0	0	0	0	0	0	0	0
u_{16}	0	0	0	0	0	0	0	0	0	0	0	0	0	1	0	0	1	1	1
u_{17}	0	0	0	0	0	0	0	0	0	0	0	0	0	1	0	0	0	0	0
u_{18}	0	0	0	1	0	0	0	0	0	0	0	0	0	0	1	0	0	1	0
u_{19}	0	0	0	0	0	0	1	0	0	0	0	0	0	0	0	0	0	0	0
u_{20}	0	0	0	0	0	0	0	0	0	0	0	0	0	0	0	0	0	0	0
a^{start}	0	3	26	10	23	33	40	43	0	5	10	10	10	20	25	27	25	35	42

表 5-7　CMOPSO 所得到的部分 Pareto 非支配解(PD=92,PC=54.875)

	a_{11}	a_{12}	a_{13}	a_{14}	a_{15}	a_{16}	a_{17}	a_{18}	a_{21}	a_{22}	a_{23}	a_{24}	a_{25}	a_{26}	a_{27}	a_{28}	a_{29}	$a_{2,10}$	$a_{2,11}$
u_1	0	0	0	0	0	0	0	0	0	0	0	0	0	0	0	0	0	0	0
u_2	0	0	0	0	0	1	0	0	1	0	0	0	1	0	0	0	0	0	0
u_3	0	0	1	0	0	0	0	0	0	0	1	1	0	0	0	0	0	0	0
u_4	0	0	0	0	0	0	0	0	0	0	0	0	1	0	0	0	0	0	0
u_5	1	0	0	0	0	0	0	0	0	0	0	0	0	0	0	0	0	0	0
u_6	0	0	0	0	0	0	0	0	0	0	0	0	0	0	0	0	0	0	0
u_7	0	0	0	0	0	0	0	0	0	0	0	0	0	0	0	0	0	0	0
u_8	0	0	0	1	1	0	1	0	0	0	0	0	0	0	0	0	0	0	1
u_9	0	1	0	0	0	0	0	0	0	0	0	0	0	1	1	0	1	0	1

续表

	a_{11}	a_{12}	a_{13}	a_{14}	a_{15}	a_{16}	a_{17}	a_{18}	a_{21}	a_{22}	a_{23}	a_{24}	a_{25}	a_{26}	a_{27}	a_{28}	a_{29}	$a_{2.10}$	$a_{2.11}$
u_{10}	0	0	0	0	0	0	0	0	0	0	0	0	0	0	0	0	0	0	0
u_{11}	0	0	0	1	1	0	1	0	0	0	0	0	0	0	0	0	0	0	1
u_{12}	0	0	0	0	0	0	0	1	0	0	0	0	0	0	0	0	0	0	1
u_{13}	0	0	0	0	0	0	0	0	0	0	0	0	0	0	0	0	0	0	0
u_{14}	0	0	0	0	0	0	0	0	0	0	0	0	0	0	0	0	0	0	0
u_{15}	1	0	0	0	0	0	0	0	0	0	0	0	0	0	0	0	0	0	0
u_{16}	0	0	0	1	0	0	0	0	0	0	0	0	0	0	0	0	1	0	0
u_{17}	0	0	0	0	0	0	0	0	0	0	0	0	0	0	0	0	0	0	0
u_{18}	0	0	0	1	0	0	0	0	0	0	0	0	0	0	1	0	0	1	0
u_{19}	0	0	0	0	0	0	0	0	0	0	0	0	0	0	1	0	0	0	0
u_{20}	0	0	0	0	1	0	0	0	0	0	0	0	0	0	0	0	0	0	0
a^{start}	0	3	45	23	40	39	65	72	0	5	25	25	30	35	55	55	55	70	84

第6章 软件项目群人力资源均衡优化方法

随着全球网络化经济的发展,世界市场的竞争变得越来越激烈,软件项目的规模和数量越来越大,对项目管理的要求也越来越高。在大型软件企业,经常会遇到多个项目需要并行执行的情况,由于一个软件企业在一定时间内所能提供的研发人员是有限的,如何将这些有限的人员在多个项目中进行均衡配置就显得尤为重要。资源均衡的优化过程就是在工期保持不变的条件下,调整软件工程进度计划,使项目人力资源需要量尽可能均衡的过程;也就是在整个工程工期内力求使各个时间段上的人力资源分配比较均衡,减少人力资源需求的波动范围,从而可以保证软件项目的质量。在本章的讨论中,我们只考虑一种资源:人力资源,有关项目群多资源均衡问题的求解,我们将在第7章中详细论述。

目前国内外对于单个项目的资源均衡问题研究较多,而对于项目群的资源均衡问题研究则相对较少。

对单个项目资源均衡的优化现在主要采用的方法有:

(1)手工方法:这种方法在网络箭线图上直观地进行,又称图解法,但是这种方法只适用于小型项目的网络计划,对大型项目采用手工方法几乎是不可能的,而且这种方法一般求得的只是可行解,而不是最优解。

(2)数学规划方法:如动态规划法、枚举法、分支定界法等。从数学上来讲,资源均衡优化可以用整数规划和线形规划模型来解。但是,如果使用常规的数学方法来求解,由于问题涉及的变量和约束方程太多,很难实际应用。

(3)启发式方法:这种方法是按照由经验得到的各种启发式规则,对问题的解空间进行局部搜索的算法,这种方法收敛速度很快,但是一般只能求得局部最优解而不是全局最优解。

现在国外也开始了对多项目资源均衡问题的研究,采用的是通过在网络初始图上增加虚作业的方法,将多项目问题转化为单项目问题再进行求解。但是,如果各个项目的网络图差异较大,所需要增加的虚作业就会急剧增大,这样就大大增加了求解问题的难度,所以这类方法一般来说很难进行实际应用。

在这一章里我们着重运用启发式算法和遗传算法来对软件项目群资源均衡问题进行优化,并检测一下启发式算法和遗传算法对于项目群资源均衡问题的优化效果。

6.1 启发式算法概述

启发式算法是指通过对过去经验的归纳推理以及试验分析来解决问题的一种算法。用启发式算法一般只注重寻找问题的满意解,而不去追求最优解。

启发式算法是通过多次迭代实现的,需要事先确定出启发式规则,然后再按照启发式规则去求得满足问题要求的可行解,如果这一可行解已经是满足结束条件的满意解的话,则迭代过程结束;如果这一可行解还不是满意解的话,则再按照启发式规则去求得另一个可行解,并进行下一次的迭代,直到找到符合问题要求的满意解为止。在整个迭代过程中,可以不断地吸收新的信息,必要时可以修改原来拟定的不合适的策略,建立新的启发式规则。具体的求解过程可以参考图 6-1。

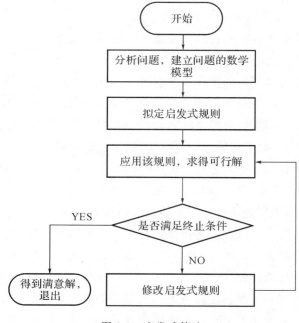

图 6-1 启发式算法

6.2　基于启发式算法的软件项目群资源均衡优化

在启发式算法中,我们主要利用非关键任务的松弛时间,其基本思想为:在松弛时间允许的范围内调整非关键任务的开工时间,来使得资源的需求量随着时间的变化逐渐趋于均衡。这种算法在数学模型的实现上,就是使单位时间内所有项目的总资源方差最小。

资源方差的公式为:

$$
\begin{aligned}
\sigma^2 &= \frac{1}{T}\sum_{t=1}^{T}(R(t)-\bar{R})^2 \\
&= \frac{1}{T}\sum_{t=1}^{T}(R(t)^2 - 2R(t)\bar{R} + \bar{R}^2) \\
&= \frac{1}{T}\sum_{t=1}^{T}R(t)^2 - 2\bar{R}\frac{1}{T}\sum_{t=1}^{T}R(t) + \frac{1}{T}\sum_{t=1}^{T}\bar{R}^2 \\
&= \frac{1}{T}\sum_{t=1}^{T}(R(t)^2 - 2\bar{R}^2 + \bar{R}^2) \\
&= \frac{1}{T}\sum_{t=1}^{T}(R(t)^2 - \bar{R}^2)
\end{aligned}
$$

其中,$R(t)$ 为第 t 个工作日所有项目的资源需求量;$\bar{R}$ 为工期 T 内的资源平均需求量。由于 $\bar{R}$ 是常量,要使得资源需求量的方差最小,只需 $\sum_{t=1}^{T}(R(t)^2)$ 最小,我们设均衡性指标 $B = \sum_{t=1}^{T}(R(t)^2)$,所以算法的目标就是使 B 的值最小。

设被调整的非关键任务 A,它最早的开工时间为 i,最早的完工时间为 j,资源需求量为 R_A,松弛时间为 $S(A)$($S(A)>1$),那么如果非关键任务 A 的开工时间往后推一天,则第 i 天的资源需求量就减少 R_A,第 $j+1$ 天的资源需求量就增加 R_A。

即　　$R(i)' = R(i) - R_A$

　　　　$R(j+1)' = R(j+1) + R_A$

设 Δb 为非关键任务 A 开工时间推迟一天后均衡性指标 B 的减少量,即:

$$
\begin{aligned}
\Delta b &= (R(i)')^2 + (R(j+1)')^2 - (R(i)^2 + R(j+1)^2) \\
&= (R(i)-R_A)^2 + (R(j+1)+R_A)^2 - (R(i)^2 + R(j+1)^2) \\
&= 2R_A R(j+1) + 2R_A^2 - 2R_A R(i) \\
&= 2R_A(R(j+1) - R(i) + R_A)
\end{aligned}
$$

如果计算得到 $\Delta b \leqslant 0$，则均衡性指标 B 下降（$\Delta b = 0$，表示均衡性指标没有变化），可以继续调整该非关键性任务的工期，直到所有的松弛时间用完。如果计算得到的 $\Delta b > 0$，则表示均衡性指标 B 增加，无需调整该任务的工期了。

如果所有任务的 Δb 都大于 0 了，则说明均衡性指标 B 已经达到最小值，无需继续调整工期了。

对项目群资源均衡问题，引入以下两条启发式规则：

（1）将计算得到的所有 $\Delta b \leqslant 0$ 的非关键任务按 Δb 从大到小进行排序，然后依次调整它们的开工时间。

（2）如果多个任务有同一个完成节点，则先调整开始时间较迟的非关键性任务。

6.2.1 案例分析一（基于启发式算法）

我们首先使用两个项目的资源均衡问题作为算例来说明如何应用启发式算法来处理项目群资源均衡问题。

表 6-1 是项目的时间参数表，图 6-2 和图 6-3 分别是项目一和项目二的初始网络图。

表 6-1 项目的时间参数表

任务代号	任务编码	资源需求量	最早开工时间	最晚开工时间	松弛时间	任务工期	紧前任务集
*A1	a_{11}	9	0	7	7	4	无
*B1	a_{12}	3	0	2	2	2	无
C1	a_{13}	6	0	0	0	2	无
*D1	a_{14}	4	0	2	2	2	无
*E1	a_{15}	8	2	4	2	3	B
F1	a_{16}	7	2	2	0	2	C
G1	a_{17}	2	4	4	0	3	F
H1	a_{18}	1	7	7	0	4	G
A2	a_{21}	4	0	0	0	3	无
*B2	a_{22}	5	0	7	7	4	无
C2	a_{23}	2	3	3	0	1	A
D2	a_{24}	1	4	4	0	4	C
E2	a_{25}	3	3	3	0	2	A
F2	a_{26}	2	5	5	0	3	E
*G2	a_{27}	4	3	6	3	2	A
H2	a_{28}	2	8	8	0	3	B,G,D,F

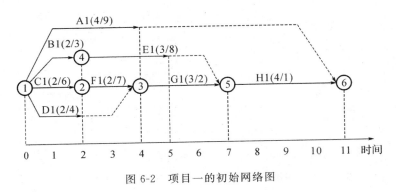

图 6-2　项目一的初始网络图

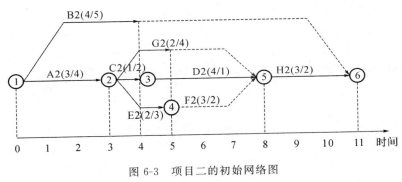

图 6-3　项目二的初始网络图

图中括号内前一个数字表示任务的工期,后一个数字表示任务在单位时间内所需要的人力资源数。例如,A1(4/9)表示任务 A1 的工期为 4,单位时间内所需要的员工数为 9,表 6-1 中第 2 列中带星号的任务为非关键路线上的任务。

现在调整所有非关键任务的开工时间,将它们的开工时间顺序往后推延一天,计算得到的 Δb 如表 6-2 所示。

表 6-2　优化前各项目的均衡性指标

项目	任务	开工时间	完工时间	资源需求量	Δb
1	A1	0	4	9	−72
1	B1	0	2	3	30
1	D1	0	2	4	48
1	E1	2	5	8	−320
2	B2	0	4	5	−80
2	G2	3	5	4	−192

在表 6-2 中,将 $\Delta b > 0$ 的项目 1 中的任务 B1 和 D1 去除,然后按从大到小进行排序得到表 6-3。

表 6-3   经过筛选的均衡性指标

项目	任务	开工时间	完工时间	资源需求量	Δb
1	A1	0	4	9	−72
2	B2	0	4	5	−80
2	G2	3	5	4	−192
1	E1	2	5	8	−320

按照启发式规则 1，对表 6-3 中的任务的最早开工时间往后推延一天。图 6-4 和图 6-5 分别是两个项目迭代 1 次后的网络图。

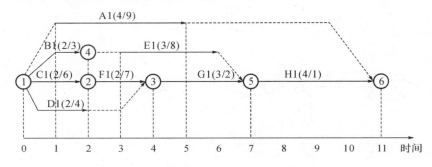

图 6-4   迭代 1 次后项目 1 的网络图

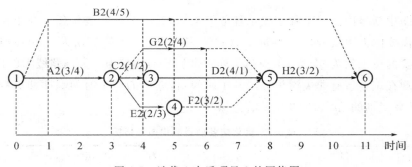

图 6-5   迭代 1 次后项目 2 的网络图

现在我们再计算调整 2 次后的 Δb。第 2 次调整的结果如表 6-4 所示。

表 6-4   迭代 1 次后的均衡性指标

项目	任务	开工时间	完工时间	资源需求量	Δb
1	A1	1	5	9	−90
2	B2	1	5	5	−90
2	G2	4	6	4	−184
1	E1	3	6	8	−210

对表 6-4 中的任务的最早开工时间往后推延一天。图 6-6 和图 6-7 分别是两个项目迭代 2 次后的网络图。

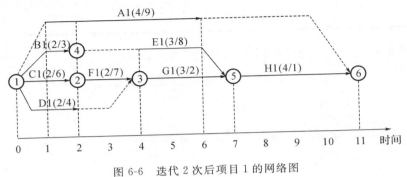

图 6-6　迭代 2 次后项目 1 的网络图

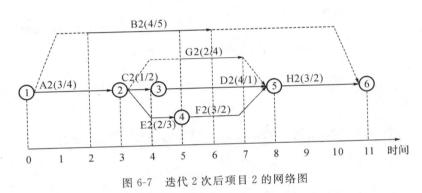

图 6-7　迭代 2 次后项目 2 的网络图

由于项目 1 中任务 E1 的松弛时间已经全部使用完,所以我们不再对它的开始工期进行调整。接着我们来计算调整 3 次后的 Δb。第 3 次调整的结果如表 6-5 所示。

表 6-5　迭代 2 次后的均衡性指标

项目	任务	开工时间	完工时间	资源需求量	Δb
2	B2	2	6	5	−110
1	A1	2	6	9	−126
2	G2	5	7	4	−184

由于项目 2 中任务 G2 的松弛时间也已经全部使用完,所以我们也同样不再对它的开始工期进行调整。按上面的算法,第 7 次的调整结果如表 6-6 所示。

表 6-6　迭代 7 次后的均衡性指标

项目	任务	开工时间	完工时间	资源需求量	Δb
2	B2	6	10	5	−230
1	A1	6	10	9	−342

图 6-8 和图 6-9 分别是两个项目迭代 7 次后的网络图。

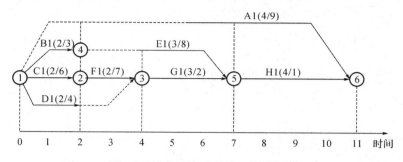

图 6-8　迭代 7 次后项目 1 的网络图

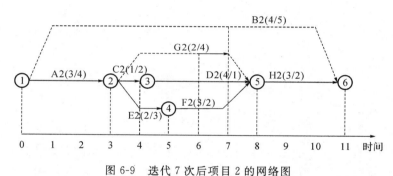

图 6-9　迭代 7 次后项目 2 的网络图

至此,所有非关键任务的松弛时间都已经用完,整个迭代到此结束。图 6-10和图 6-11分别是优化前后的资源需求图。

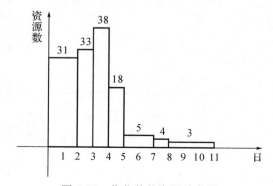

图 6-10　优化前的资源需求图

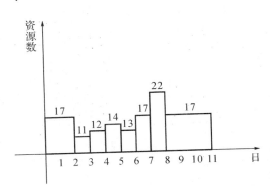

图 6-11 优化后的资源需求图

通过计算得到优化前后的方差分别为：

$$\sigma^2_{优化前} = 192.69, \sigma^2_{优化后} = 8.69$$

6.2.2 案例分析二(基于启发式算法)

从 6.2.1 里，我们发现启发式算法对于较为简单的项目群资源均衡问题能得到较为理想的计算结果，在这一节里，我们使用某软件研发公司的一些软件项目为例，对实际应用进行计算验证。首先介绍一下该项目组的一些基本情况，项目组主要从事手机短消息增值业务类产品的开发，在某段时间内需要同时进行四项短消息增值业务产品的研发工作，分别是版权短信、漏话、短信回执和短信签名业务。由于软件系统的需求和方案设计(包括概要设计和详细设计)由系统分析人员完成，所以该项目组只从事编程、测试(包括单元测试、集成测试和系统测试)和版本制作等工作。由于各个业务的需求不同，在模块划分和研发过程上会有所区别。该项目组从事这四项软件项目的各任务名称和初始网络计划的时间参数如表 6-7 所示，图 6-12 至图 6-15 是各项目的初始网络图。

表 6-7 项目时间参数表

任务代号	任务编码	任务名称	任务的人员需求量	最早开工时间	最晚开工时间	松弛时间	任务工期	紧前任务集
A1*	a_{11}	配置台编码	2	0	7	7	6	无
B1*	a_{12}	业务编码	2	0	3	3	5	无
C1*	a_{13}	业务自测	1	5	8	3	5	B
D1	a_{14}	DB 编码	4	0	0	0	8	无
E1	a_{15}	DB 自测	2	8	8	0	5	D
F1*	a_{16}	预匹配编码	3	0	6	6	4	无

续表

任务代号	任务编码	任务名称	任务的人员需求量	最早开工时间	最晚开工时间	松弛时间	任务工期	紧前任务集
G1*	a_{17}	预匹配自测	1	4	10	6	3	F
H1*	a_{18}	协议栈编码	2	0	3	3	10	无
I1*	a_{19}	OMM 维护	4	0	15	15	3	无
J1	$a_{1,10}$	集成测试	8	13	13	0	5	A,C,E,G,H
K1	$a_{1,11}$	系统测试	10	18	18	0	6	J,I
L1	$a_{1,12}$	版本制作	8	24	24	0	2	K
A2*	a_{21}	配置台编码	1	0	7	7	3	无
B2	a_{22}	DB 编码	1	0	0	0	5	无
C2	a_{23}	DB 自测	1	5	5	5	5	B
D2	a_{24}	业务编码	2	0	0	0	7	无
E2	a_{25}	业务自测	2	7	7	0	3	D
F2*	a_{26}	前置机编码	1	0	6	6	4	无
G2*	a_{27}	OMM 维护	2	0	13	13	3	无
H2*	a_{28}	支撑维护	4	0	15	15	9	无
I2	a_{29}	集成测试	4	10	10	0	6	A,C,E,F
J2	$a_{2,10}$	系统测试	8	16	16	0	8	J
K2	$a_{2,11}$	版本制作	8	24	24	0	2	J
A3*	a_{31}	配置台编码	3	0	10	10	6	无
B3*	a_{32}	DB 编码	2	0	7	7	9	无
C3	a_{33}	业务编码	3	0	0	0	13	无
D3	a_{34}	业务自测	2	13	13	0	3	C
E3	a_{35}	DSMP 编码	4	0	0	0	9	无
F3	a_{36}	DSMP 自测	3	9	9	0	7	E
G3*	a_{37}	OMM 维护	4	0	15	15	6	无
H3	a_{38}	集成测试	6	16	16	0	5	A,B,D,F
I3	a_{39}	系统测试	8	21	21	0	3	H,G
J3	$a_{3,10}$	版本制作	8	24	24	0	2	I
A4*	a_{41}	配置台编码	1	0	12	12	6	无
B4*	a_{42}	DB 编码	2	0	10	10	8	无

续表

任务代号	任务编码	任务名称	任务的人员需求量	最早开工时间	最晚开工时间	松弛时间	任务工期	紧前任务集
C4	a_{43}	业务编码	1	0	0	0	18	无
D4*	a_{44}	SGIP 编码	3	0	11	11	7	无
E4*	a_{45}	支撑维护	2	0	18	18	6	无
F4	a_{46}	集成测试	6	18	18	0	6	A,B,C,D
G4	a_{47}	版本制作	7	24	24	0	2	E,F

项目一：版权短信
A1：配置台编码   B1：业务编码
C1：业务自测   D1：DB编码
E1：DB自测   F1：预匹配编码
G1：预匹配自测   H1：协议栈编码
I1：OMM维护   J1：集成测试
K1：系统测试   L1：版本制作

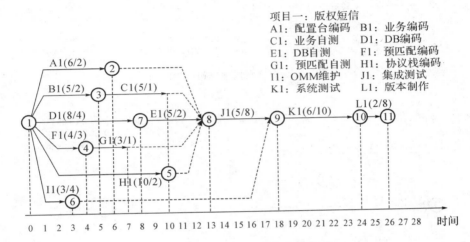

图 6-12 版权短信项目初始网络图

项目二：漏话
A2：配置台编码   B2：DB编码
C2：DB自测   D2：业务编码
E2：业务自测   F2：预前置机编码
G2：OMM维护   H2：支撑维护
I2：集成测试   J2：系统测试
K21：版本制作

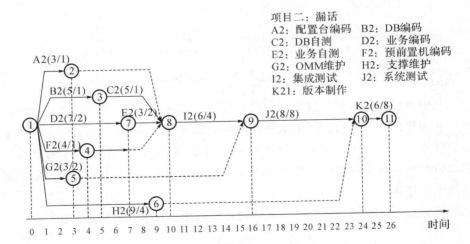

图 6-13 漏话项目初始网络图

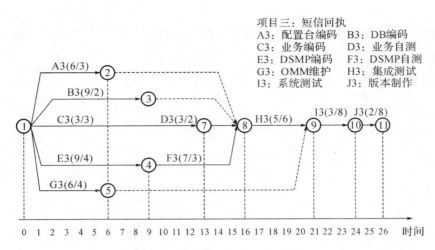

图 6-14   短信回执项目初始网络图

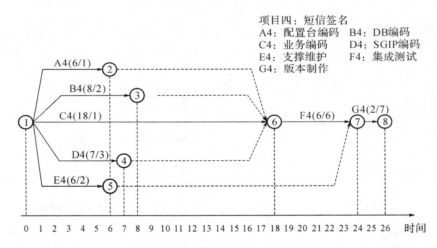

图 6-15   短信签名项目初始网络图

其中项目 1 为版权短信项目,项目 2 为漏话项目,项目 3 为短信回执项目,项目 4 为短信签名项目。图中括号内前一个数字表示任务的工期,后一个数字表示任务在单位时间内所需求的资源数。例如,A(6/2)表示任务 A 的工期为 6,单位时间内所需求的资源数为 2,表 6-7 中第 2 列中带星号的任务为非关键路线上的任务。

我们首先计算初始网络图的各项均衡性指标 Δb,计算结果如表 6-8 所示。

表 6-9 优化前各项目的均衡性指标

项目	任务	开工时间	Δb	项目	任务	开工时间	Δb
1	A1	0	-84	2	G	0	-20
1	B1	0	-36	2	H	0	-272
1	C1	5	-56	3	A	0	-120
1	F1	0	-42	3	B	0	-144
1	G1	4	-32	3	G	0	-152
1	H1	0	-152	4	A	0	-44
1	I1	0	-24	4	B	0	-116
2	A2	0	-12	4	D	0	-144
2	F2	0	-18	4	E	0	-84

然后,按照启发式规则,应用在 6.2.1 节中同样的方法和步骤,在迭代 19 次后,得到了如表 6-9 所示的计算结果。

表 6-10 迭代 19 次后的均衡性指标

项目	任务	开工时间	Δb	项目	任务	开工时间	Δb
1	A1	7	20	2	G	13	48
1	B1	3	32	2	H	15	-64
1	C1	8	14	3	A	10	108
1	F1	6	36	3	B	7	60
1	G1	10	12	3	G	15	-8
1	H1	3	56	4	A	12	22
1	I1	15	8	4	B	10	64
2	A2	7	-2	4	D	11	84
2	F2	6	8	4	E	18	-28

优化前后对应的资源需求图分别如图 6-16 和图 6-17 所示。

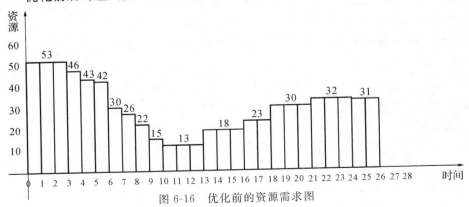

图 6-16 优化前的资源需求图

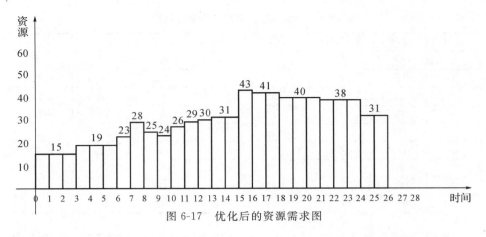

图 6-17   优化后的资源需求图

计算优化前后的方差得：

$$\sigma^2_{优化前} = 148.775, \sigma^2_{优化后} = 79.698$$

由此我们可以看到，通过启发式算法来求解项目群资源均衡问题，在处理简单问题上效果较好，但不适合用于处理复杂的项目群资源均衡问题。

下面，我们将尝试一种进化算法——遗传算法来处理项目群资源均衡问题，并对比一下遗传算法和这一节中的启发式算法对多项目资源均衡问题的优化效率。

6.3   遗传算法概述

遗传算法是基于生物进化和遗传变异基础的迭代自适应概率性搜索算法，它将问题的解表示为生物进化的染色体（在编程求解时，一般使用二进制字符串表示染色体），这样的染色体有多少种，就有多少个可行解，这样所有可能的解就构成了所要求解问题的解空间。在遗传算法中，染色体是主要的进化对象，它模仿生物进化的机制，通过不同染色体之间的选择（Selection）、交叉（Cross-Over）和变异（Mutation）这三类遗传算子（Genetic Operator）来产生新的一代适应度（Fitness）更高的染色体，这样一代代地不断繁殖进化，最后收敛到一个具有最高适应度的个体上，就求得问题的最优解。图 6-18 给出了 GA 的一般步骤。

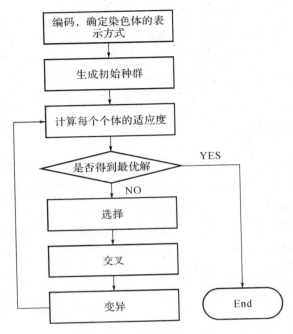

图 6-18　遗传算法结构图

遗传算法有三个基本遗传算子:选择、交叉和变异。

6.3.1　选择算子

选择算子就是选择那些适应度较高的个体,使它们在下一代具有较多的繁殖机会,从而有较多的后代,而那些适应度低的个体则产生数目较少的后代,最后逐渐被淘汰。

其中最为常用的选择算子是轮盘赌选择算子,详细算法如下:

对于个体 $A_i(i = 1,2,\cdots,N)$,其中 N 为种群规模。那么它被选作下一代父本的概率

$$P(A_i) = p(A_i) / \sum_{i=1}^{N} p(A_i)$$

其中, $p(A_i)$ 为适应度函数。

6.3.2　交叉算子

交叉算子就是把两个候选个体按照某一概率 P_c 在某一位置或某几个位置起进行交换,通过这样的方式来产生两个新的个体。下面介绍一种最为简单的

交叉算子——单点交叉算子。

单点交叉算子就是把两个个体按照某一概率 P_C 在某一位置起进行交换。如个体 A_1 和 A_2 经过单点交叉产生新的个体 A'_1 和 A'_2：

$A_1 = 100 \mid 01011 \ —— \ A'_1 = 10011000$

$A_2 = 110 \mid 11000 \ —— \ A'_2 = 11001011$

6.3.3　变异算子

变异算子是某一个体中任意一位或任意几位按照某一概率 P_m 进行取反运算，即把 1 换为 0、把 0 换成 1，这种突变的概率和生物界一样，每一位发生的概率是很小的，但是这种变异是非常有意义的，它和交叉一起保证了种群的多样性，防止了整个算法的过早收敛，也就确保了遗传算法的全局收敛性。Kenneth Dejong 指出每一位如果有 0.001 的变异概率就能有效地防止局部收敛。

用编程语言对遗传算法的算法描述如下：

```
Begin
    t : = 0 ;
    initialize p(t);
    evaluate p(t);
    repeat
    t : = t + 1 ;
    select p(t)from p(t - 1);
    crossover p(t);
    mutation p(t);
    evaluate p(t);
    until (termination condition)
End
```

其中，$p(t)$ 代表第 t 代种群。

由于遗传算法本身的并行性以及对求解问题的限制较少，所以该算法具有通用性、收敛较快以及计算简单的特点。同时，由于它的搜索始终遍及整个解空间，能找到接近全局最优解的优化结果，利用遗传算法来优化项目管理中的资源均衡问题能够取得较好的效果。

6.4 基于遗传算法的软件项目群资源均衡优化

6.4.1 项目群资源均衡问题的数学模型

在项目群管理中,在已知各项目的初始网络计划图的条件下,我们就能通过计算来求得各个项目的时间参数,那么资源均衡的目标就是通过不断对初始网络计划图上非关键任务的调整,使得单位时间内所有项目的总资源需求方差最小。

n 个项目的资源均衡问题的数学模型如下:

目标函数:

$$\min \sigma^2 = \frac{1}{T} \sum_{t=1}^{T} (R(t) - \bar{R})^2$$

约束方程:

$$R(t) = \sum_{i=1}^{n} \sum_{j=1}^{p_i^{\mathrm{num}}} R_t(a_{ij}) \tag{6.1}$$

$$R_t(a_{ij}) = \begin{cases} R(a_{ij}) & a_{ij}^{\mathrm{start}} \leqslant t \leqslant a_{ij}^{\mathrm{finish}} \\ 0 & \mathrm{else} \end{cases} \tag{6.2}$$

$$a_{ij}^{\mathrm{ftime}} = a_{ij}^{\mathrm{lstart}} - a_{ij}^{\mathrm{estart}} \tag{6.3}$$

$$\max\{a_{il}^{\mathrm{finish}} \mid a_{il} \in Pa(a_{ij})\} \leqslant a_{ij}^{\mathrm{start}} \leqslant a_{ij}^{\mathrm{lstart}} \tag{6.4}$$

$$a_{ij}^{\mathrm{estart}} \leqslant a_{ij}^{\mathrm{start}} \leqslant a_{ij}^{\mathrm{estart}} + a_{ij}^{\mathrm{ftime}} \tag{6.5}$$

其中:

$$\bar{R} = \frac{1}{T} \sum_{t=1}^{T} R(t), \ T = \max\{T_i\}, \ i = 1, 2, \cdots, n, j = 1, 2, \cdots, p_i^{\mathrm{num}}$$

其中,T_i 表示第 i 个项目的总工期;T 表示 n 个项目工期的最大值;p_i^{num} 表示项目 p_i 的任务总数;a_{ij} 表示第 i 个项目中的第 j 项任务;$R(t)$ 为第 t 个工作日所有项目的资源需求量;$R_t(a_{ij})$ 为第 t 天任务 a_{ij} 的资源需求量;$R(a_{ij})$ 代表任务 a_{ij} 的单位时间资源需求量;a_{ij}^{estart} 为任务 a_{ij} 的最早开工时间;a_{ij}^{lstart} 为任务 a_{ij} 的最迟开工时间;a_{ij}^{start} 为任务 a_{ij} 的实际开工时间;a_{ij}^{finish} 为任务 a_{ij} 的实际完工时间;a_{ij}^{ftime} 为任务 a_{ij} 的松弛时间;$Pa(a_{ij})$ 表示任务 a_{ij} 的紧前任务集。

6.4.2 遗传算法设计

1.染色体结构及编码方案

在通常情况下,一般都对目标函数中的变量进行编码。但是在对该问题的研究过程中,我们发现如果对各个项目的任务实际开工时间作为编码对象,能大大简化问题的难度。所以我们将 a_{ij}^{start} 的二进制编码作为染色体,具体的染色体结构如图 6-19 所示。

a_{11}^{start}	a_{12}^{start}	...	a_{n1}^{start}	a_{n2}^{start}	...	a_{npnum}^{start}

图 6-19   染色体结构设计图

由于我们只需要对非关键路线上的任务的开工时间进行调整,就能达到资源均衡的目的,所以为了进一步简化算法,我们不把关键路线上的任务的开工时间放入染色体中,只对非关键路线上的任务的开工时间进行编码。

2.对于约束条件的处理

我们可以把该问题的约束条件分成两类:一类是对应变量的上、下界都是常数,或者说都是在计算前已确定的,如模型中的约束条件(6.5),我们称这种约束为一般约束;第二类约束是对应变量的上、下界存在变量的,或者说在计算前是不确定的,如模型中的约束条件(6.4),我们称这类约束为特别约束。

对于一般约束(形式为 $l \leqslant x \leqslant u$,其中 l, u 为常数,且 $l \leqslant u$),我们可以通过线性变化将此类约束化为 $0 \leqslant x - l \leqslant u - l$,这样就可以在对 $x - l$ 的编码长度(由 $u - l$ 所确定)的过程中来反映这种约束关系。所以,我们在处理约束条件(6.5)时,一律化为如下形式:

$$0 \leqslant a_{ij}^{\text{start}} - a_{ij}^{\text{estart}} \leqslant a_{ij}^{\text{ftime}}$$

将每个任务的 $a_{ij}^{\text{start}} - a_{ij}^{\text{estart}}$ 的二进制作为编码形成染色体,并且以 a_{ij}^{ftime} 来确定染色体长度。这样就可以消去约束条件(6.5)。

对于特殊约束(形式为 $t \leqslant x \leqslant u$,其中 t 为变量、u 为常数,且 $t \leqslant u$),我们采用惩罚函数的方法来处理这类约束。这种方法是在生成个体时并不考虑约束条件,而是在适应值函数上添加一个惩罚项,这样既能保证种群的多样性,又能提高算法的计算速度(具体的方法我们将在实例中加以解释)。

3.选择算子

选用轮盘赌选择算子,并保留每代中的最优个体。

4.交叉算子

选用单点交叉算子。

5.变异算子

选用一致变异算子。

6.终止条件的设定

将已产生的最大世代数和最小方差值作为终止条件。

6.4.3　案例分析一(基于遗传算法)

我们先使用在 6.2.1 中的实例一作为实例,项目的时间参数表请参考表 6-1,项目一和项目二的初始网络图请参考图 6-2 和图 6-3。

该问题的数学模型如下:

$$\min \sigma^2 = \frac{1}{11} \sum_{t=1}^{11} (R(t) - \bar{R})^2$$

$$\text{s. t} \begin{cases} 0 \leqslant a_{11}^{\text{start}} \leqslant 7 \\ 0 \leqslant a_{12}^{\text{start}} \leqslant 2 \\ 0 \leqslant a_{14}^{\text{start}} \leqslant 2 \\ a_{12}^{\text{start}} + 2 \leqslant a_{15}^{\text{start}} \leqslant 4 \\ 0 \leqslant a_{22}^{\text{start}} \leqslant 7 \\ 3 \leqslant a_{27}^{\text{start}} \leqslant 6 \end{cases}$$

根据约束条件中各非关键任务实际开工时间的取值区间,我们使用 14 位长的二进制数来表示染色体,其结构如图 6-20 所示。

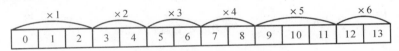

图 6-20　实例一的染色体结构图

并且取:

$$a_{11}^{\text{start}} = x_1$$

$$a_{12}^{\text{start}} = \left[\frac{2}{3} x_2 \right]$$

$$a_{14}^{\text{start}} = \left[\frac{2}{3} x_3 \right]$$

$$a_{15}^{\text{start}} = 2 + \left[\frac{2}{3} x_4 \right]$$

$$a_{22}^{\text{start}} = x_5$$

$$a_{27}^{\text{start}} = 3 + x_6$$

其中[ ]表示取整。

适应度函数为

$$\text{fit} = C - \sum_{t=1}^{11} (R(t) - \bar{R})^2 - \alpha f(x)$$

其中,α 为罚因子;$f(x) = \max(a_{12}^{\text{start}} + 2 - a_{15}^{\text{start}}, 0)$。

我们采用轮盘赌选择算子、单点交叉算子和基本一致变异算子。

遗传参数选择如下：$C=3000$；$\alpha=200$；种群大小（popsize）=100；交叉概率（pcross）=0.900000；变异概率（pmutation）=0.010000。

在迭代 6 次后得到最优染色体 11111001111111，其适应度为：2974.363636。

对应的变量为：

$a_{11}^{\text{start}}=7, a_{12}^{\text{start}}=2, a_{14}^{\text{start}}=0, a_{15}^{\text{start}}=4, a_{22}^{\text{start}}=7, a_{27}^{\text{start}}=5$

优化前后对应的资源需求图分别如图 6-21 和图 6-22 所示。

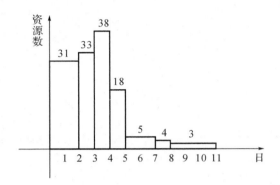

图 6-21　优化前的资源需求图

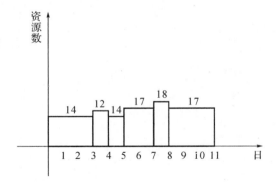

图 6-22　优化后的资源需求图

图 6-23 和图 6-24 为项目 1 和项目 2 优化后的网络图。

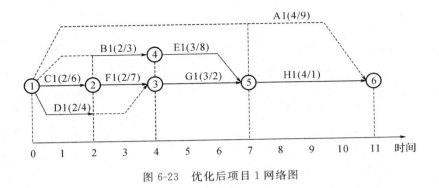

图 6-23　优化后项目 1 网络图

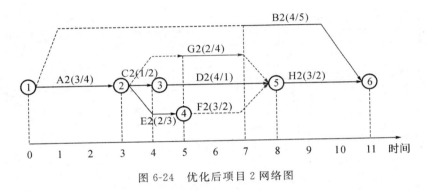

图 6-24　优化后项目 2 网络图

通过计算得到优化前后的方差分别为：

$$\sigma^2_{优化前} = 192.69, \sigma^2_{优化后} = 2.33$$

6.4.4　案例分析二(基于遗传算法)

在本小节中,我们使用在 6.2.2 中的实例二作为示例来检验遗传算法对于复杂软件项目群资源均衡问题的优化效果。

项目的时间参数表请参考表 6-7,各个项目的初始网络图请参考图 6-12 至图 6-15。

该问题的数学模型为：

$$\min \sigma^2 = \frac{1}{26} \sum_{t=1}^{26} (R(t) - \bar{R})^2$$

$$\text{s. t}\begin{cases}0 \leqslant a_{11}^{\text{start}} \leqslant 7 & 0 \leqslant a_{27}^{\text{start}} \leqslant 13 \\ 0 \leqslant a_{12}^{\text{start}} \leqslant 3 & 0 \leqslant a_{28}^{\text{start}} \leqslant 15 \\ a_{12}^{\text{start}} + 5 \leqslant a_{13}^{\text{start}} \leqslant 8 & 0 \leqslant a_{31}^{\text{start}} \leqslant 100 \leqslant a_{16}^{\text{start}} \leqslant 6 \\ a_{16}^{\text{start}} + 4 \leqslant a_{17}^{\text{start}} \leqslant 10 & 0 \leqslant a_{37}^{\text{start}} \leqslant 15 \\ 0 \leqslant a_{18}^{\text{start}} \leqslant 3 & 0 \leqslant a_{41}^{\text{start}} \leqslant 12 \\ 0 \leqslant a_{19}^{\text{start}} \leqslant 15 & 0 \leqslant a_{42}^{\text{start}} \leqslant 10 \\ 0 \leqslant a_{21}^{\text{start}} \leqslant 7 & 0 \leqslant a_{44}^{\text{start}} \leqslant 11 \\ 0 \leqslant a_{26}^{\text{start}} \leqslant 6 & 0 \leqslant a_{45}^{\text{start}} \leqslant 18\end{cases}$$

我们使用 61 位长的二进制数来表示染色体,其结构如图 6-25 所示:

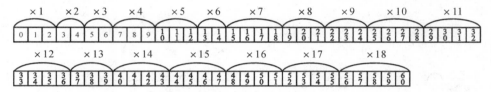

图 6-25　实例二的染色体结构图

并且取:

$a_{11}^{\text{start}} = x_1$

$a_{12}^{\text{start}} = x_2$ 　　　　　$a_{21}^{\text{start}} = x_8$ 　　　　　　　　　　　$a_{41}^{\text{start}} = \left[\frac{12}{15}x_{15}\right]$

$a_{13}^{\text{start}} = 5 + x_3$ 　　　$a_{26}^{\text{start}} = \left[\frac{6}{7}x_9\right]$ 　　$a_{31}^{\text{start}} = \left[\frac{10}{15}x_{12}\right]$ 　　$a_{42}^{\text{start}} = \left[\frac{10}{15}x_{16}\right]$

$a_{16}^{\text{start}} = \left[\frac{6}{7}x_4\right]$ 　　$a_{27}^{\text{start}} = \left[\frac{13}{15}x_{10}\right]$ 　$a_{32}^{\text{start}} = x_{13}$ 　　　　$a_{44}^{\text{start}} = \left[\frac{11}{15}x_{17}\right]$

$a_{17}^{\text{start}} = 4 + \left[\frac{6}{7}x_5\right]$ 　$a_{28}^{\text{start}} = [x_{11}]$ 　　　$a_{37}^{\text{start}} = x_{14}$ 　　　　$a_{45}^{\text{start}} = \left[\frac{18}{31}x_{18}\right]$

$a_{18}^{\text{start}} = x_6$

$a_{19}^{\text{start}} = x_7$

其中,[ ]表示取整。

适应度函数为

$$\text{fit} = C - \sum_{t=1}^{26}(R(t) - \overline{R})^2 - \alpha_1 f_1(x) - \alpha_2 f_2(x)$$

其中,α_1 和 α_2 为罚因子;$f_1(x) = \max(a_{12}^{\text{start}} + 5 - a_{13}^{\text{start}}, 0)$,$f_2(x) = \max(a_{16}^{\text{start}} + 4 - a_{17}^{\text{start}}, 0)$。

我们采用轮盘赌选择算子、单点交叉算子和基本一致变异算子。

遗传参数选择如下：$C=4500$；$\alpha_1=200$；$\alpha_2=200$；种群大小（popsize）$=100$；交叉概率（pcross）$=0.900000$；变异概率（pmutation）$=0.10000$。

在迭代 153 次后得到最优染色体：

111 00 01 010 011 11 0000 101 111 1000 1001 0000 101 1011 0101 1101 0000 01110

其适应度为：4435.846154。

对应的变量为：

$a_{11}^{start}=7$　　$a_{27}^{start}=7$

$a_{12}^{start}=0$　　$a_{28}^{start}=9$

$a_{13}^{start}=6$　　$a_{31}^{start}=0$

$a_{16}^{start}=1$　　$a_{32}^{start}=5$

$a_{17}^{start}=6$　　$a_{37}^{start}=11$

$a_{18}^{start}=3$　　$a_{41}^{start}=4$

$a_{19}^{start}=0$　　$a_{42}^{start}=8$

$a_{21}^{start}=5$　　$a_{44}^{start}=0$

$a_{26}^{start}=6$　　$a_{45}^{start}=4$

优化前后对应的资源需求图分别如图 6-26 和图 6-27 所示。

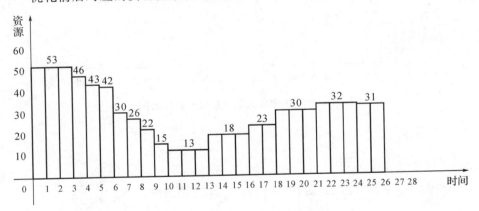

图 6-26　优化前的研发人员需求图

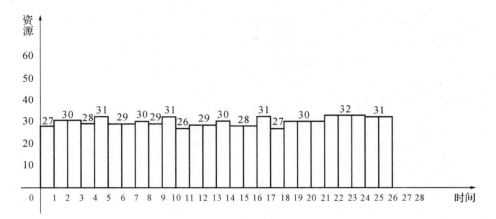

图 6-27　优化后的研发人员需求图

图 6-28 至图 6-31 为优化后的各项目网络计划图。

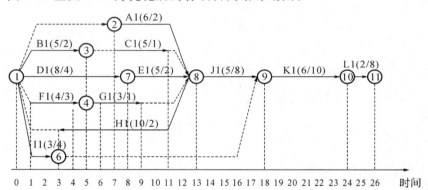

图 6-28　优化后的版权短信项目网络图

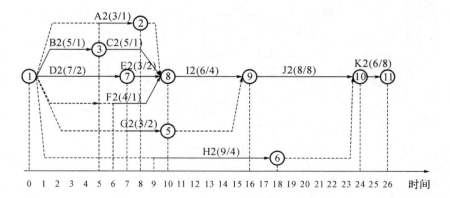

图 6-29　优化后的漏话项目网络图

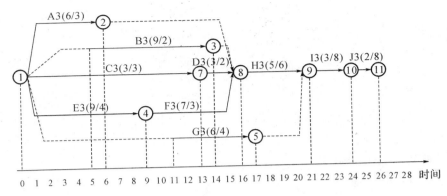

图 6-30　优化后的短信回执项目网络图

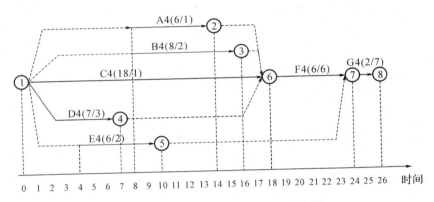

图 6-31　优化后的短信签名项目网络图

通过计算得到优化前后的方差分别为：

$$\sigma^2_{\text{优化前}} = 148.775, \sigma^2_{\text{优化后}} = 2.467$$

从上面两个例子中，我们可以发现，在处理软件项目群人力资源均衡问题，遗传算法速度快，效率高，并且能够得到精确解，甚至是最优解。

6.5　优化效果对比

在本章中，我们分别使用了启发式算法和遗传算法对多项目的资源均衡问题进行了求解，下面我们对这两种方法在软件项目群人力资源均衡问题上的应用进行比较和分析。

首先，从两种方法对同一个实例进行优化的计算结果中，我们看到应用遗传算法对项目群资源均衡问题的优化效果要优于启发式算法。这是因为遗传算法在问题的求解过程中,其搜索范围始终遍及整个解空间,最后得到的解已接近全局最优解。对于启发式算法,由于它的算法原理是应用一定的启发式规则,使问题尽早地收敛到一个令人满意的可行解上,其目标是满意解,而不是最优解。

其次,从两个算法的复杂性上讲,遗传算法的设计和计算过程都要复杂于启发式算法。在应用遗传算法求解项目群资源均衡问题时,要先建立准确的数学模型,然后还需要将数学模型转化为遗传算法可以进行处理的模式,最后还要通过编程,应用计算机进行问题的求解。而启发式算法的处理方式就相对简单一些,它只需要按照一定的启发式规则,对问题进行重复的迭代就可以了。

最后,从算法的收敛速度上讲,启发式算法要高于遗传算法。

表 6-11 是实例一和实例二的实验数据。表 6-12 和表 6-13 是两种算法在实例一和实例二上的优化结果的相关数据。

表 6-11   实例一和实例二的实验数据

实例	项目数	总的工期	总的任务数	非关键任务数
实例一	2	11	16	6
实例二	4	26	39	18

表 6-12   两种算法对实例一的优化效果比较

算法	实例	优化前的方差	优化后的方差	优化效率	迭代次数
遗传算法	实例一	192.69	2.331	82.664	6
启发式算法	实例一	192.69	8.69	22.174	7

表 6-13   两种算法对实例二的优化效果比较

算法	实例	优化前的方差	优化后的方差	优化效率	迭代次数
遗传算法	实例二	148.775	2.467	60.306	153
启发式算法	实例二	148.775	79.698	1.8667	19

注:优化效率=优化前的方差/优化后的方差。

所以,我们在实际应用中,可以根据要处理问题本身的特点和项目上的要求来选择算法,对于那些要求计算精度较高的,项目较为复杂的,可以应用遗传算法;而对于精度要求不高的,问题相对比较简单的,就可以应用启发式算法。

第 7 章 基于 MOPSO-DP 的软件项目群 多模式多资源均衡优化

传统的资源均衡问题研究如何合理调整项目任务的实际开工时间,使资源的消耗量在整个工期内趋于均衡,即资源方差最小。在此类问题中,项目的每一任务所需的工期和资源是确定的,即所有任务都只有一种执行模式。

但在软件企业里,项目的开发和实施根据多种不同的资源投入量和工期,每项任务可能有多种不同的执行模式,对此类项目进行资源均衡优化时,不仅要调整各项任务的实际开工时间,还要选取合适的执行模式,这就是多模式多资源均衡问题。在多模式多资源均衡问题中,由于每项任务所需的工期和资源是不确定的,会随着执行模式的不同而改变,所以在求解此类问题时,除需考虑传统资源均衡问题的约束条件外,还需考虑项目截止日期和资源限额等约束,增大了问题的复杂性和求解难度。本质上,多模式多资源均衡问题属于多模式资源受限项目调度问题的范畴,是传统资源均衡问题的扩展,比一般的资源均衡问题更接近于现实,目前尚未见到解决多模式多资源均衡问题的研究文献。

本章首先为软件项目群多模式多资源均衡问题建立了对应的多目标优化模型;然后将种群竞争模型[110]嵌入到基于 Pareto 的向量评价微粒群算法(VE-PSO-BP)中,提出了一种新的基于动态种群的多目标微粒群算法(Multi-Objective Particle Swarm Optimization with Dynamic Population,MOPSO-DP)[119]。MOPSO-DP 将文献[45]所提出的只适用于单目标优化问题的生态微粒群算法扩展到多目标优化领域。此外,MOPSO-DP 可根据种群竞争模型动态调整各子微粒群的规模,并能较好地平衡全局搜索及局部搜索能力。

7.1 问题描述及其数学模型

7.1.1 问题描述

软件企业有 N 个项目需要实施,项目 $p_i(i = 1, 2, \cdots, N)$ 的任务总数为

p_i^{num}，每项任务 $a_{ij}(i=1,2,\cdots,N;j=1,2,\cdots,p_i^{\text{num}})$ 需消耗 R 种资源，其中可更新资源有 L 种，不可更新资源有 $R-L$ 种；在多模式条件下，任务 a_{ij} 有 U_{ij} 种不同的执行模式，每种执行模式 $m(m=1,2,\cdots,U_{ij})$ 代表不同的（工期 D，可更新资源 RR，不可更新资源 NR）需求，任务 a_{ij} 的执行模式 m 可表示为（D_{ijm}，$RR_{ijm1},RR_{ijm2},\cdots,RR_{ijmL},NR_{ijm1},NR_{ijm2},\cdots,NR_{ijm,R-L}$）。

软件项目群多模式多资源均衡问题可描述为：在满足项目群截止日期和资源限额的前提下，如何合理安排每项任务的执行模式和实际开工时间，使项目群总工期内各资源消耗的时间均衡度最大，即资源方差最小。

根据约束条件的不同，可以把项目群多模式多资源均衡问题分为四种类型。P1：在确定的项目群截止日期和资源限额约束下，使资源方差最小。P2：在确定的项目群截止日期约束下，使项目群的资源方差和资源总量最小。P3：在确定的资源限额约束下，使项目群的资源方差和总工期最小。P4：在项目群截止日期和资源限额均不确定的条件下，找到所有能使项目群总工期、资源总量和资源方差均趋于最小的最优解集。

P4 问题是求解所有可能的工期和资源组合下的最小资源方差，故可以看作是前三类问题的综合，本章研究的就是这一类问题。

对于项目群工期，本章定义如下：

定义 7.1　项目群的总工期等于最早开工项目的开始时间与最迟完工项目的结束时间之间的时间跨度[117]，即：

$$PD = \max\{a_{ij}^{\text{finish}}\} - \min\{a_{ij}^{\text{start}}\}$$

本章将最早开工项目的开始时间作为总工期的基点，因此有 $\min\{a_{ij}^{\text{start}}\} = 0$，总工期 $PD = \max\{a_{ij}^{\text{finish}}\}$。

对于资源总量，本章定义如下。

定义 7.2　对于可更新资源，资源总量 MRR 为项目群在该资源上的最大日需求量，即：

$$MRR_l = \max\{RR_l(\text{date}) \mid \text{date} \in (\text{date} = 1,2,\cdots,PD)\}$$

其中，$l(l=1,2,\cdots,L)$ 为可更新资源的序号；$RR_l(\text{date})$ 表示第 date 个工作日项目群在可更新资源 l 上的需求量。

定义 7.3　对于不可更新资源，资源总量 PNR 为项目群在该资源上的需求总和，即：

$$PNR_q = \sum_{i=1}^{N} \sum_{j=1}^{p_i^{\text{num}}} \sum_{m=1}^{U_{ij}} NR_{ijmq} X_{ijm}$$

其中，$q(q=1,2,\cdots,R-L)$ 为不可更新资源的序号；X_{ijm} 是取值为 0 或 1 的决

策变量,当 $X_{ijm} = 1$,表示将模式 m 作为任务 a_{ij} 的执行模式;当 $X_{ijm} = 0$,表示模式 m 未被选中。

7.1.2　数学模型

适用于软件项目群多模式多资源均衡问题的数学模式如下。

目标函数:

$$\min PD = \max\{a_{ij}^{\text{finish}}\} \tag{7.1}$$

$$\min MRR_l = \max\{RR_l(\text{date})\} \tag{7.2}$$

$$\min PNR_q = \sum_{i=1}^{N} \sum_{j=1}^{p_i^{\text{num}}} \sum_{m=1}^{U_{ij}} NR_{ijmq} X_{ijm} \tag{7.3}$$

$$\min RRV_l = \frac{1}{PD} \sum_{\text{date}=1}^{PD} (RR_l(\text{date}) - \overline{RR_l})^2 \tag{7.4}$$

$$\min NRV_q = \frac{1}{PD} \sum_{\text{date}=1}^{PD} (NR_q(\text{date}) - \overline{NR_q})^2 \tag{7.5}$$

各目标函数的计算步骤如下:

(1)根据决策变量 X_{ijm},计算任务的工期 a_{ij}^{dur}:

$$a_{ij}^{\text{dur}} = \sum_{m=1}^{U_{ij}} D_{ijm} X_{ijm} \tag{7.6}$$

(2)根据任务工期,应用关键路径法确定各项目的关键路径 p_i^{cpath},并计算各任务的时间参数:最早开工时间 a_{ij}^{estart}、最迟开工时间 a_{ij}^{lstart} 和松弛时间 a_{ij}^{ftime} 等。

(3)根据任务的实际开工时间 a_{ij}^{start},计算任务的实际完工时间 a_{ij}^{finish},并根据式(7.1)计算项目群的总工期 PD:

$$a_{ij}^{\text{finish}} = a_{ij}^{\text{start}} + a_{ij}^{\text{dur}} \tag{7.7}$$

(4)计算任务在可更新资源 l 和不可更新资源 q 上的日需求量 $RR_l(a_{ij})$ 和 $NR_q(a_{ij})$,这里假设在单个任务的执行过程中,不可更新资源的消耗是均匀的。

$$RR_l(a_{ij}) = \sum_{m=1}^{U_{ij}} RR_{ijml} X_{ijm} \tag{7.8}$$

$$NR_q(a_{ij}) = (\sum_{m=1}^{U_{ij}} NR_{ijmq} X_{ijm})/a_{ij}^{\text{dur}} \tag{7.9}$$

(5)计算工作日 date 任务在可更新资源 l 和不可更新资源 q 上的资源需求量 $RR_{l,\text{date}}(a_{ij})$ 和 $NR_{q,\text{date}}(a_{ij})$:

$$RR_{l,\text{date}}(a_{ij}) = \begin{cases} RR_l(a_{ij}), & \text{if:} \quad a_{ij}^{\text{start}} < \text{date} \leqslant a_{ij}^{\text{finish}} \\ 0, & \text{if:} \quad \text{date} \leqslant a_{ij}^{\text{start}} \text{ or date} > a_{ij}^{\text{finish}} \end{cases} \tag{7.10}$$

$$NR_{q,\text{date}}(a_{ij}) = \begin{cases} NR_q(a_{ij}), \text{ if} : a_{ij}^{\text{start}} < \text{date} \leqslant a_{ij}^{\text{finish}} \\ 0, \text{ if} : \text{date} \leqslant a_{ij}^{\text{start}} \text{ or date} > a_{ij}^{\text{finish}} \end{cases} \tag{7.11}$$

（6）计算工作日 date 项目群在可更新资源 l 和不可更新资源 q 上的资源需求量 $RR_l(\text{date})$ 和 $NR_q(\text{date})$：

$$RR_l(\text{date}) = \sum_{i=1}^{N} \sum_{j=1}^{p_i^{\text{num}}} RR_{l,\text{date}}(a_{ij}) \tag{7.12}$$

$$NR_q(\text{date}) = \sum_{i=1}^{N} \sum_{j=1}^{p_i^{\text{num}}} NR_{q,\text{date}}(a_{ij}) \tag{7.13}$$

（7）按式（7.2）和式（7.3）分别计算可更新资源 l 和不可更新资源 q 的资源总量 MRR_l 和 PNR_q。

（8）计算可更新资源 l 和不可更新资源 q 在项目群总工期内的日平均需求量 $\overline{RR_l}$ 和 $\overline{NR_q}$：

$$\overline{RR_l} = \frac{1}{PD} \sum_{\text{date}=1}^{PD} RR_l(\text{date}) \tag{7.14}$$

$$\overline{NR_q} = \frac{1}{PD} \sum_{\text{date}=1}^{PD} NR_q(\text{date}) \tag{7.15}$$

（9）最后根据式（7.4）和式（7.5）计算可更新资源 l 和不可更新资源 q 的资源方差 RRV_l 和 NRV_q。

此外，在软件项目群多模式多资源均衡问题中需考虑的约束条件如下。

约束条件：

$$\sum_{m=1}^{U_{ij}} X_{ijm} = 1, \forall i \in (i = 1, 2, \cdots, N), j \in (j = 1, 2, \cdots, p_i^{\text{num}}) \tag{7.16}$$

$$a_{ij}^{\text{estart}} \leqslant a_{ij}^{\text{start}} \leqslant a_{ij}^{\text{lstart}}, \forall i \in (i = 1, 2, \cdots, N), j \in (j = 1, 2, \cdots, p_i^{\text{num}}) \tag{7.17}$$

$$\max\{a_{ib}^{\text{finish}} \mid a_{ib} \in Pa(a_{ij})\} \leqslant a_{ij}^{\text{start}}, \forall i \in (i = 1, 2, \cdots, N),$$
$$j \in (j = 1, 2, \cdots, p_i^{\text{num}}) \tag{7.18}$$

其中，式（7.16）确保了每项任务仅有一种执行模式被选中。式（7.17）表示任务的实际开工时间必须在其最早开工时间 a_{ij}^{estart} 和最晚开工时间 a_{ij}^{lstart} 之间。式（7.18）表示任务必须等待其所有紧前任务都完工后才能开工，其中 $Pa(a_{ij})$ 表示任务的紧前任务集。

7.2　基于动态种群的多目标微粒群算法

云多目标微粒群算法在处理目标函数个数较少的多目标优化问题时，往往能取得较好的优化效果；但是由于在 CMOPSO 中，各个子微粒群规模是固定不变的，当目标函数个数较多时，云多目标微粒群算法的优化效果并不理想。针对该问题，本章将种群竞争模型嵌入到基于 Pareto 的向量评价微粒群算法中，提出了一种新的基于动态种群的多目标微粒群算法。基于动态种群的多目标微粒群算法能根据各个目标函数的不同优化难度，动态地调整各子微粒群规模，所以在处理目标函数个数较多的多目标优化问题时，也能取得较为理想的效果。

7.2.1　种群竞争模型概述

在种群竞争模型中，生态系统一般分为个体(individual)、种群(population)和社团(community)三个层次，其中种群由具有相似生活形态的个体构成，社团又由不同的种群构成。为了自身的繁衍，种群需要与处于同一社团中的不同种群竞争各种资源，这种种群间的相互竞争会导致某些种群的个体数量减少，而其他的种群个体数量增加。

1. 单种群竞争模型

首先，如果不考虑种群间的相互竞争，可以通过 Logistic 方程[108]来描述种群的动态特性：

$$\frac{\mathrm{d}Q}{\mathrm{d}t} = r \cdot \frac{Q(K-Q)}{K} \tag{7.19}$$

其中，Q 是种群规模(个体数量)；t 表示时间(在算法中即为迭代次数)；K 表示种群的容量(个体数量上限)；$Q(K-Q)/K$ 为 Logistic 系数；r 表示种群的增长系数(种群出生率与死亡率之差)。

在 Logistic 方程中，Logistic 系数限制了种群规模的变化范围，使得种群规模趋近于种群容量。如果 $Q > K$，Logistic 系数为负值，种群规模缩小；如果 $Q < K$，Logistic 系数为正值，种群规模增大；如果 $Q = K$，Logistic 系数为 0，此时种群规模不变。

2. 双种群竞争模型

在 Logistic 方程的基础上，先考虑两个种群间的竞争，种群 P_1 和种群 P_2 的动态特征如下：

$$\frac{\mathrm{d}Q_1}{\mathrm{d}t} = r_1 Q_1 \left(\frac{K_1 - Q_1 - \alpha Q_2}{K_1} \right) \tag{7.20}$$

$$\frac{\mathrm{d}Q_2}{\mathrm{d}t} = r_2 Q_2 \left(\frac{K_2 - Q_2 - \beta Q_1}{K_2} \right) \tag{7.21}$$

其中，K_1 和 K_2 表示在不考虑竞争的条件下，种群 P_1 和种群 P_2 的种群容量；

r_1, r_2 表示各种群的最大瞬时增长率[110]；α, β 是竞争系数，其中 $\alpha(0 < \alpha < 1)$ 表示种群 P_2 对种群 P_1 的制约作用，$\beta(0 < \beta < 1)$ 表示种群 P_1 对种群 P_2 的制约作用。

该模型描述了种群之间基于密度的几种竞争与协同关系。如果种群间不存在竞争，即 $\alpha = \beta = 0$，则两个种群各自遵循 Logistic 方程，呈非线性增长，直至达到各自的种群容量。如果种群间存在竞争，种群 P_1 中每个个体对自身种群增长的制约作用等于 $1/K_1$，同样种群 P_2 中每个个体对自身种群增长的制约作用等于 $1/K_2$；种群 P_2 中每个个体对种群 P_1 规模增长的制约作用等于 α/K_1，种群 P_1 中每个个体对种群 P_2 规模增长的制约作用等于 β/K_2，竞争的结果将取决了 K_1, K_2, α, β 这 4 个值的相互关系，具体分析可参见文献[45,110]。

3. Latka-Volterra 模型

对于一个由 p 个不同种群组成的社团，可通过 Latka-Volterra 模型[45]来描述各种群间的动态特性：

$$\frac{dQ_i}{dt} = r_i Q_i \left[\left(K_i - Q_i - \sum_{j=1, j \neq i}^{p} \alpha_{ij} Q_j \right) / K_i \right] \tag{7.22}$$

其中，$Q_i(i = 1, 2, \cdots, p)$ 表示第 i 个种群的规模；r_i 表示第 i 个种群的增长系数；K_i 表示第 i 个种群的容量；$\alpha_{ij}(0 < \alpha_{ij} < 1)$ 为竞争系数，表示种群 P_j 对种群 P_i 的制约作用。

7.2.2　基于动态种群的多目标微粒群算法设计

现有的多目标微粒群算法通常采用多个子微粒群协同优化的方法，但是在生态系统中，群体间的相互竞争、优胜劣汰是整个系统得到不断进化的根本保证。基于该思想，我们提出了一种新的基于动态种群的多目标微粒群算法 MOPSO-DP。在该算法中，整个微粒群系统由 p 个子微粒群 Subpop$_1$，Sub-pop$_2$，$\cdots$，Subpop$_p$ 构成，每个子微粒群就相当于该系统下的一个种群，第 k 个子微粒群 Subpop$_k$ 只负责优化第 k 个目标函数 $f_k(x)$。各个子微粒群的规模将根据式(7.22)进行动态的调整，如果某个子微粒群的增长系数较大，算法能随机产生 1 个或多个微粒加入该子群，有利于提高该子群的多样性；如果某个子群的增长系数较小，则删除适应度最小的 1 个或多个微粒，以满足优胜劣汰的自然定律。另外，通过竞争系数矩阵来实现子群内的自我抑制和子群间的协同竞争，将整个系统的微粒总规模控制在一定限度内。

此外，我们将 MOPSO-DP 中的每个子群划分为 h 个阶层，每个阶层中的微粒具有不同的 $\omega \in [\omega_{min}, \omega_{max}]$，阶层 $s(s = 0, 1, \cdots, h-1)$ 中微粒的惯性因子：

$$\omega_s = \omega_{\min} + \frac{s}{h-1} \times (\omega_{\max} - \omega_{\min}) \tag{7.23}$$

子微粒群中的微粒还可按一定的概率在不同的阶层间迁移,这样就能较好地平衡 MOPSO-DP 算法的全局搜索和局部搜索能力。

MOPSO-DP 在外部精英集、局部最优位置和全局最优位置的初始化及更新方式上和 VEPSO-BP 一致,适用于 MOPSO-DP 的进化方程为:

$$v_{kad}(t+1) = \omega_{ks} \times v_{kad}(t) + c_{k1} \times r_1 \times [pbest_{kad} - x_{kad}(t)] + c_{k2} \times r_2 \times$$
$$[gbest_{kd} - x_{kad}(t)] \tag{7.24}$$

$$x_{kad}(t+1) = x_{kad}(t) + v_{kad}(t+1) \tag{7.25}$$

其中, $x_{kad}(t)$, $v_{kad}(t)$, $pbest_{kad}$, $gbest_{kd}$ 分别是 t 时刻,第 k 个子微粒群中第 a 个微粒在第 d 维分量下的坐标、速度、局部最优位置和全局最优位置; ω_{ks} 为第 k 个子微粒群第 s 个阶层中微粒的惯性因子; c_{k1}, c_{k2} 是微粒的加速因子; r_1, r_2 是两个在 $[0,1]$ 范围内变化的随机数。

7.3　基于 MOPSO-DP 的软件项目群多模式多资源均衡算法

7.3.1　编码设计

本章将项目任务的决策变量 X_{ijm} 和实际开工时间 a_{ij}^{start} 作为编码对象。对应 MOPSO-DP,可以把软件项目群多模式多资源均衡问题的可行解空间假想为微粒的 M 维搜索空间, $M = \sum_{i=1}^{N} p_i^{\text{num}}$ 代表项目群的任务总数。微粒位置 $x_{ka} = (x_{ka1}, x_{ka2}, \cdots, x_{kad}, \cdots, x_{kaM})$ 对应问题的一个可行解,其第 d 维分量 x_{kad}($a = 1$, $2, \cdots, Q_k$; $d = 1, 2, \cdots, M$) 对应第 $d = j - p_i^{\text{num}} + \sum_{k=1}^{i} p_k^{\text{num}}$ 个任务的决策变量和实际开工时间。具体的编码方式如图 7-1 所示。

x_{ka1}	X_{111}	X_{112}	$\cdots$	$X_{11U_{11}}$	a_{11}^{start}
$\vdots$	$\vdots$	$\vdots$	$\cdots$	$\vdots$	$\vdots$
x_{kad}	X_{ij1}	X_{ij2}	$\cdots$	$X_{ijU_{ij}}$	a_{ij}^{start}
$\vdots$	$\vdots$	$\vdots$	$\cdots$	$\vdots$	$\vdots$
x_{kaM}	$X_{Np_N^{\text{num}}1}$	$X_{Np_N^{\text{num}}2}$	$\cdots$	$X_{Np_N^{\text{num}}U_{Np_n^{\text{num}}}}$	$a_{Np_N^{\text{num}}}^{\text{start}}$

x_{ka} 对应 x_{ka1} 至 x_{kaM}

图 7-1　MOPSO-DP 微粒位置编码方案

微粒速度的编码方式和微粒位置一致，也由两部分组成：控制决策变量的速度分量 vX_{ijm} 和控制实际开工时间的速度分量 va_{ij}^{start}，编码方式如图 7-2 所示。

		vX_{111}	vX_{112}	$\cdots$	$vX_{11U_{11}}$	va_{11}^{start}
	v_{ka1}					
	$\vdots$	$\vdots$	$\vdots$	$\cdots$	$\vdots$	$\vdots$
v_{ka}	v_{kad}	vX_{ij1}	vX_{ij2}	$\cdots$	$vX_{ijU_{ij}}$	va_{ij}^{start}
	$\vdots$	$\vdots$	$\vdots$	$\cdots$	$\vdots$	$\vdots$
	v_{kaM}	$vX_{Np_N^{num}1}$	$vX_{Np_N^{num}2}$	$\cdots$	$vX_{Np_N^{num}U_{Np_N^{num}}}$	$va_{Np_N^{num}}^{start}$

图 7-2　MOPSO-DP 微粒速度编码方案

7.3.2　算法流程

步骤 1：随机产生 $p = 1 + 2R$ 个初始种群规模都为 Q_0 的子微粒群 $Subpop_1,Subpop_2,\cdots Subpop_p$，其中 $Subpop_1$ 用于优化项目群总工期 PD，$Subpop_2,\cdots,Subpop_{1+L}$ 用于优化可更新资源的资源总量 MRR，$Subpop_{2+L},\cdots,$ $Subpop_{1+R}$ 用于优化不可更新资源的资源总量 PNR，$Subpop_{2+R},\cdots,$ $Subpop_{1+R+L}$ 用于优化可更新资源的资源方差 RRV，$Subpop_{2+R+L},\cdots,$ $Subpop_{1+2R}$ 用于优化不可更新资源的资源方差 NRV，并设置每个子微粒群的容量 K_i 和各子微粒群间的竞争系数矩阵 α_{ij}，设置各子微粒群的阶层个数 h 和每个阶层微粒个数占子微粒群微粒总数的百分比，最后初始化所有微粒的位置和速度。

（1）初始化微粒位置中的决策变量，以确定所有任务的执行模式。决策变量 X_{ijm} 可在 $[0,1]$ 中随机产生，但必须满足 $\sum_{m=1}^{U_{ij}} X_{ijm} = 1$ 。然后根据式（7.6）、式（7.8）和式（7.9）计算每个任务的工期及各种资源的日消耗量，并以此确定项目的关键路径。最后计算所有任务的最早开工时间 a_{ij}^{estart}、最迟开工时间 a_{ij}^{lstart} 和松弛时间 $a_{ij}^{ftime} = a_{ij}^{lstart} - a_{ij}^{estart}$。

（2）初始化微粒位置中的实际开工时间。a_{ij}^{start} 首先可在 $[a_{ij}^{estart},a_{ij}^{lstart}]$ 上随机产生，并检查是否满足式（7.18）的约束，如果不满足就在 $[\max\{\max\{a_{ib}^{finish} \mid a_{ib} \in Pa(a_{ij})\},a_{ij}^{estart}\},a_{ij}^{lstart}]$ 上再随机产生一次。

（3）初始化微粒速度。为了防止微粒速度 v_{kad} 过大，可通过微粒最大速度 $v_{d\max}$ 来对微粒速度进行限制：$v_{d\max} = (vX_{ij1\max},vX_{ij2\max},\cdots,vX_{ijU_{ij}\max},va_{ij}^{start}{}_{\max})$，

其中控制决策变量的微粒最大速度分量 $vX_{ij1\max} = vX_{ij2\max} = \cdots = vX_{ijU_{ij}\max} = 1$，控制实际开工时间的微粒最大速度分量 $va_{ij\max}^{\text{start}}$ 与该任务的松弛时间成正比，即 $va_{ij\max}^{\text{start}} = \beta a_{ij}^{\text{ftime}}, 0.1 \leqslant \beta \leqslant 1$。

（4）根据式（7.1）至式（7.5）计算每一微粒所对应的项目群的总工期、各资源的资源总量和资源方差。

步骤 2：初始化外部精英集。

首先将第一个子微粒群中的第一个微粒放入外部记忆体中，然后对随后随机产生的每个微粒与精英集中的所有微粒进行比较。比较规则如下：

规则 1：如果精英集中的某个微粒的所有目标函数值均大于或等于此微粒，则将精英集中的那个微粒从精英集中删去。

规则 2：如果精英集中存在一个微粒，其所有目标函数值均小于或等于该微粒，则该微粒不添加到精英集中，否则，将该微粒添加到精英集中。

如此初始化结束后，精英集中保存的就是目前所有子微粒群所能得到的全体非支配解。

步骤 3：初始化每个子微粒群的全局最优位置和每个微粒的局部最优位置。

步骤 4：根据种群竞争模型调整所有子微粒群的种群规模，并按进化方程更新所有微粒的位置和速度。

（1）根据式（7.22）确定各子微粒群增加或删除的微粒个数。

如果式（7.22）得到的 $(\mathrm{d}Q_k)/(\mathrm{d}t) > 0$，则在第 k 个子微粒群 Subpop_k 中增加 $(\mathrm{d}Q_k)/(\mathrm{d}t)$ 个微粒；如果 $(\mathrm{d}Q_k)/(\mathrm{d}t) < 0$，则在子微粒群 Subpop_k 中删除 $(\mathrm{d}Q_k)/(\mathrm{d}t)$ 个微粒；如果 $(\mathrm{d}Q_k)/(\mathrm{d}t) = 0$，子微粒群 Subpop_k 的规模保持不变。

根据式（7.19）来更新各子微粒群的规模：

$$Q_k(t+1) = Q_k(t) + \frac{\mathrm{d}Q_k}{\mathrm{d}t} \tag{7.26}$$

（2）按进化方程更新所有微粒的位置和速度。

由于在软件项目群多模式多资源均衡问题中，任务的决策变量和实际开工时间都是整数量，必须对式（7.24）进行取整，修改后的进化方程为：

$$v_{kad}(t+1) = \text{int}(\omega_{ks} \times v_{kad}(t)) + \text{int}(c_{k1} \times r_1 \times \{pbest_{kad} - x_{kad}(t)\}) +$$
$$\text{int}(c_{k2} \times r_2 \times \{gbest_{kd} - x_{kad}(t)\}) \tag{7.27}$$

$$x_{kad}(t+1) = x_{kad}(t) + v_{kad}(t+1) \tag{7.28}$$

注：式（7.27）中的 int 为取整函数。

最后通过步骤 1 中的动态监测方法判断微粒位置是否满足式（7.16）至式（7.18），如果不满足，应用进化方程来重新更新微粒的速度和位置。

步骤 5：按步骤 2 中的比较规则更新外部记忆体。

步骤 6：更新每个微粒的局部最优位置和每个子微粒群的全局最优位置。

如果 x_{ka} 的第 k 个目标函数值小于局部最优位置 $pbest_{ka}$ 的第 k 个目标函数值，则将 x_{ka} 作为局部最优位置 $pbest_{ka}$。

对应外部精英集中的所有非支配解，将第 1 个目标函数 PD 最小的非支配解的微粒位置作为 $gbest_p$，将第 2 个目标函数最小的非支配解的微粒位置作为 $gbest_1$，将第 3 个目标函数最小的非支配解的微粒位置作为 $gbest_2$，以此类推，将第 p 个目标函数最小的非支配解的微粒位置作为 $gbest_{p-1}$。

步骤 7：重复步骤 4 直至达到给定的最大迭代次数 t_{max}，此时外部记忆体中所保存的数据就是算法所得到的 Pareto 最优解集。

7.4　案例分析一（任务模式数相等）

7.4.1　应用案例

本案例由两项软件开发项目组成，其中项目一为某产品辅助设计与数据管理系统开发项目，项目二是某电子商务系统开发项目，每个项目各包含 13 项研发任务，项目网络图如图 7-3 和图 7-4 所示。

图 7-3　产品辅助设计与数据管理系统开发项目网络

图 7-4　电子商务系统平台开发项目网络

　　软件项目群中的所有任务需 2 种资源，分别是人力资源 HR（单位：个人）和资金 F（单位：万元），其中资金主要由支付给研发人员的工资（人力费用 HC）和采购研发项目所必需的设备和材料（固定费用 FC）所构成。每项任务均有 2 种执行模式，项目任务的具体信息如表 7-1 和表 7-2 所示。

表 7-1　任务信息（项目一）

任务代码	模式 1					模式 2				
	工期 D_{ij1}（日）	人力资源 HR_{ij1}（人）	人力费用 HC_{ij1}	固定费用 FC_{ij1}	资金 F_{ij1}（万元）	工期 D_{ij2}（日）	人力资源 HR_{ij2}（人）	人力费用 HC_{ij2}	固定费用 FC_{ij2}	资金 F_{ij2}（万元）
a_{11}	90	4	7.2	2.8	10	70	6	8.4	2.8	11.2
a_{12}	15	2	0.6	1	1.6	10	4	0.8	1	1.8
a_{13}	10	2	0.4	0.5	0.9	7	4	0.56	0.5	1.06
a_{14}	5	2	0.2	5	5.2	3	4	0.24	5	5.24
a_{15}	5	2	0.2	1	1.2	3	4	0.24	1	1.24
a_{16}	90	2	3.6	0	3.6	70	3	4.2	0	4.2
a_{17}	195	8	31.2	0	31.2	120	20	48	0	48
a_{18}	15	4	1.2	0.2	1.4	12	6	1.44	0.2	1.64
a_{19}	90	2	3.6	0	3.6	60	4	4.8	0	4.8
$a_{1.10}$	195	8	31.2	0	31.2	120	20	48	0	48
$a_{1.11}$	15	4	1.2	0.2	1.4	12	6	1.44	0.2	1.64
$a_{1.12}$	15	3	0.9	0.5	1.4	10	6	1.2	0.5	1.7
$a_{1.13}$	5	2	0.2	0	0.2	4	4	0.32	0	0.32

表 7-2　任务信息表（项目二）

任务代码	模式 1					模式 2				
	工期 D_{ij1}（日）	人力资源 HR_{ij1}（人）	人力费用 HC_{ij1}	固定费用 FC_{ij1}	资金 F_{ij1}（万元）	工期 D_{ij2}（日）	人力资源 HR_{ij2}（人）	人力费用 HC_{ij2}	固定费用 FC_{ij2}	资金 F_{ij2}（万元）
a_{21}	30	5	3	2	5	25	8	4	2	6
a_{22}	10	4	0.8	5	5.8	7	6	0.84	5	5.84
a_{23}	10	2	0.4	2.5	2.9	6	4	0.48	2.5	2.98
a_{24}	60	8	9.6	0	9.6	48	12	11.52	0	11.52
a_{25}	20	6	2.4	0.5	2.9	14	10	2.8	0.5	3.3
a_{26}	10	4	0.8	0.1	0.9	6	8	0.96	0.1	1.06
a_{27}	100	4	8	0	8	60	10	12	0	12

续表

任务代码	模式 1					模式 2				
	工期 D_{ij1}（日）	人力资源 HR_{ij1}（人）	人力费用 HC_{ij1}	固定费用 FC_{ij1}	资金 F_{ij1}（万元）	工期 D_{ij2}（日）	人力资源 HR_{ij2}（人）	人力费用 HC_{ij2}	固定费用 FC_{ij2}	资金 F_{ij2}（万元）
a_{28}	10	4	0.8	0.1	0.9	8	6	0.96	0.1	1.06
a_{29}	10	8	1.6	0.1	1.7	6	16	1.92	0.1	2.02
$a_{2,10}$	200	8	32	0	32	120	20	48	0	48
$a_{2,11}$	10	8	1.6	0.1	1.7	8	12	1.92	0.1	2.02
$a_{2,12}$	60	8	9.6	1	10.6	45	16	14.4	1	15.4
$a_{2,13}$	10	4	0.8	0	0.8	8	6	0.96	0	0.96

对应总工期 PD、人力资源总量 MH、总资金 PF、人力资源方差 HV 和资金资源方差 FV 五个目标，需设置 5 个子微粒群。因 $m=2, X_{ij1}+X_{ij2}=1$，为缩短编码长度，并同时消除式（7.16）的约束，我们只将 X_{ij1} 放入编码，如果 $X_{ij1}=0$，表示任务 a_{ij} 的执行模式为 $(D_{ij2}, HR_{ij2}, F_{ij2})$；若 $X_{ij1}=1$，则表示任务 a_{ij} 的执行模式为 $(D_{ij1}, HR_{ij1}, F_{ij1})$。

对应 CMOPSO 和 VEPSO-BP，最大迭代次数 $t_{\max}=1000$；各子群的种群规模 $Q=70$，其中在 CMOPSO 中，惯性因子上下界分别设为：$\omega_{\max}=1, \omega_{\min}=0.6$；对于 VEPSO，惯性因子 $\omega=1$；对应 MOPSO-DP，令各子群容量 $K=100$，子群的初始规模 $Q_0=10$，由于各目标的优化难度不同，需设置不同的子群增长系数 $r_1=0.15, r_2=0.15, r_3=0.15, r_4=0.3, r_5=0.3$，竞争系数矩阵如表 7-3 所示。

表 7-3 竞争系数矩阵

a_{ij}	$j=1$	$j=2$	$j=3$	$j=4$	$j=5$
$i=1$	0	0.06	0.06	0.15	0.15
$i=2$	0.05	0	0.07	0.1	0.15
$i=3$	0.06	0.06	0	0.15	0.15
$i=4$	0.05	0.05	0.08	0	0.2
$i=5$	0.05	0.05	0.07	0.15	0

基于所设置的子群初始规模和容量，我们将每个子群分成 3 个阶层，其中位于 H_0 阶层的微粒占微粒总数的 25%，对应的惯性因子 $\omega_0=0.6$；位于 H_1 阶层的微粒占微粒总数的 50%，对应的 $\omega_1=0.8$；位于 H_2 阶层的微粒占微粒总数的 25%，对应的 $\omega_2=1$；其他的参数设置同 CMOPSO 和 VEPSO-BP。

7.4.2　计算结果分析

1. 种群总规模

在 CMOPSO 和 VEPSO-BP 中,各子群的种群规模是固定的,其总规模为 350,而 MOPSO-DP 的各子群的种群规模是可变的,根据 7.5.1 中设置的参数, MOPSO-DP 在初次迭代时种群总规模为 50,随着迭代次数的增加而增加,当算 法迭代至 48 次时达到最大值 335,随后 MOPSO-DP 各子群的规模达到平衡 ($Q_1 = 58, Q_2 = 64, Q_3 = 58, Q_4 = 75, Q_5 = 80$),总规模也一直保持在 335。所 以,虽然理论上 MOPSO-DP 的种群总规模最大可达 500,不过由于各子群之间 存在相互制约和竞争,种群总规模与其他两种算法相差不大,图 7-5 所示为算法 种群总规模的对比。

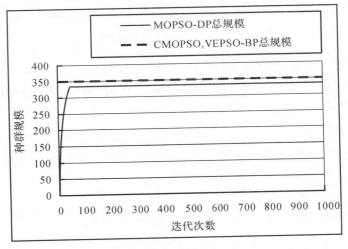

图 7-5　算法种群总规模对比(案例一)

2. 非支配解个数

在种群规模相当的前提下,非支配解的个数和质量是衡量多目标优化算法 性能的重要指标。三种算法每次迭代所获得的非支配解个数的变动曲线如 图 7-6 所示。

由图 7-6 可知,在初次迭代,由于 MOPSO-DP 的种群规模小于 CMOPSO 和 VEPSO-BP,故 MOPSO-DP 只得到 35 个非支配解,少于 CMOPSO,VEPSO- BP 得到的个数为 81。但是,随着迭代次数的增加,VEPSO-DP 每次迭代获得 的非支配解个数一直维持在 290 左右。CMOPSO 获得的非支配解数量要高于 VEPSO-BP,且在经过 903 次迭代后,达到峰值 612。而 MOPSO-DP 获得的非

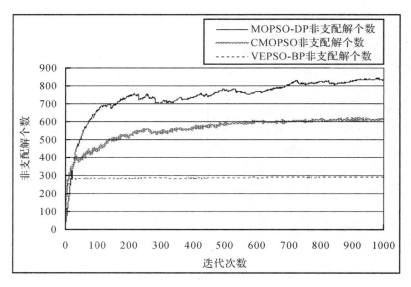

图 7-6　算法非支配解个数对比(案例一)

支配个数随着算法的迭代,一直呈上升趋势,在经过 983 次迭代后,达到峰值 843,依据图 7-6 所示,MOPSO-DP 获得的非支配解个数最多,CMOPSO 次之, VEPSO-BP 最少。

3.非支配解质量

为了评价 MOPSO-DP、CMOPSO 和 VEPSO-BP 所得到的非支配解的质量,采用以下评价指标:

(1)非支配解优劣指标 C

非支配解优劣指标 C 由 Zitzler[105] 提出,其定义为:

$$C(A,B) = \frac{|\{b \in B \mid \exists a \in A : a > b\}|}{|B|}$$

其中,A,B 是两种算法所得到的非支配解集;指标 C 是一种值域定义在 $[0,1]$ 上, 用于刻画 (A,B) 之间偏序性能的指标;$C(A,B) = 1$ 表示 B 中所有解都被 A 中的解支配,$C(A,B) = 0$ 表示 B 中没有解被 A 中的解支配,记 DP、SO 和 BP 分别是 MOPSO-DP、CMOPSO 和 VEPSO-BP 所得到的非支配解集,经计算得:

$C(DP,SO) = 0.379, C(SO,DP) = 0.211$;

$C(DP,BP) = 0.644, C(BP,DP) = 0.072$;

$C(SO,BP) = 0.690, C(BP,SO) = 0.035$;

(2)均匀性指标 SP

均匀性指标的定义可参见"5.5.2 计算结果分析",该指标反映了非支配解的分散均匀性，SP 越小，表示算法得到的非支配解分布越均匀，经计算得：

$$SP_{\text{MOPSO-DP}} = 2.931, SP_{\text{CMOPSO}} = 3.458, SP_{\text{VEPSO-BP}} = 5.588$$

从计算得到的指标 C 和 SP 可知，MOPSO-DP 得到的非支配解要优于 CMOPSO 和 VEPSO-BP，且分布也较 CMOPSO 和 VEPSO-BP 均匀。

2. 算法收敛速度

为了比较 MOPSO-DP、CMOPSO、VEPSO-BP 三种算法的收敛速度，我们记录下每次迭代后得到的非支配解中的最小总工期 $PD_{\min}$、最小人力资源总量 $MH_{\min}$、最小总资金 $PF_{\min}$、最小人力资源方差 $HV_{\min}$ 和最小资金资源方差 $FV_{\min}$，经过整理后，得到表 7-4、表 7-5 和表 7-6。

表 7-4　MOPSO-DP 收敛速度（案例一）

迭代次数	$PD_{\min}$	$MH_{\min}$	$PF_{\min}$	$HV_{\min}$	$FV_{\min}$
1	331	28	178.22	47.429	0.0347
2	316	28	176.52	41.68	0.0338
3	316	28	176.44	39.804	0.0296
4	316	28	176.34	33.57	0.0296
5	310	28	176.22	33.57	0.0283
6	310	28	176.22	32.606	0.0274
7	310	28	176.18	32.606	0.0274
9	310	28	175.98	31.906	0.0274
10	310	28	175.98	31.597	0.0274
12	307	28	175.98	27.34	0.0274
13	306	28	175.98	27.34	0.0265
15	306	28	175.98	27.34	0.0258
17	306	28	175.98	27.34	0.0248
21	306	28	175.94	27.34	0.0248
22	306	28	175.74	27.34	0.0248
25	306	28	175.74	27.34	0.0226
26	306	28	175.7	27.34	0.0226
50	306	24	175.7	27.34	0.0226
75	306	24	175.7	27.22	0.0226
78	306	24	175.7	25.257	0.0226
175	306	24	175.7	25.257	0.0225
259	306	24	175.7	25.257	0.0223
335	306	24	175.7	25.257	0.0204
454	306	24	175.7	24.501	0.0204
771	306	24	175.7	23.430	0.0204
1000	306	24	175.7	23.430	0.0204

表 7-5　CMOPSO 收敛速度（案例一）

迭代次数	PD_{min}	MH_{min}	PF_{min}	HV_{min}	FV_{min}
1	309	28	176.44	33.135	0.0296
2	308	28	176.14	33.135	0.0281
3	306	28	175.86	33.135	0.0265
4	306	28	175.74	32.699	0.0265
5	306	28	175.74	30.051	0.0265
6	306	28	175.7	30.051	0.0265
11	306	28	175.7	29.701	0.0265
12	306	28	175.7	29.106	0.0265
14	306	28	175.7	27.982	0.0263
16	306	28	175.7	27.724	0.0263
18	306	28	175.7	27.668	0.0263
23	306	24	175.7	26.968	0.0263
25	306	24	175.7	26.968	0.025
35	306	24	175.7	26.968	0.0248
43	306	24	175.7	26.359	0.0248
118	306	24	175.7	26.23	0.0248
196	306	24	175.7	25.447	0.0248
267	306	24	175.7	25.373	0.0248
310	306	24	175.7	25.373	0.0242
317	306	24	175.7	25.373	0.0242
346	306	24	175.7	25.373	0.024
391	306	24	175.7	25.373	0.0235
725	306	24	175.7	25.373	0.0234
843	306	24	175.7	25.226	0.0234
1000	306	24	175.7	25.226	0.0234

表 7-6　VEPSO-BP 收敛速度（案例一）

迭代次数	PD_{min}	MH_{min}	PF_{min}	HV_{min}	FV_{min}
1	309	28	176.44	33.13488	0.029598
2	309	28	175.94	33.13488	0.029501
3	307	28	175.9	33.13488	0.02807
4	307	28	175.78	33.13488	0.026405
5	307	28	175.74	33.13488	0.026405
6	306	28	175.7	30.51991	0.026405

续表

迭代次数	PD_{min}	MH_{min}	PF_{min}	HV_{min}	FV_{min}
7	306	28	175.7	30.46296	0.026405
8	306	28	175.7	28.32407	0.026405
10	306	28	175.7	27.85219	0.026101
11	306	28	175.7	27.23148	0.026101
14	306	24	175.7	27.23148	0.026101
16	306	24	175.7	27.23148	0.025781
17	306	24	175.7	27.23148	0.02499
19	306	24	175.7	27.00926	0.02499
22	306	24	175.7	26.37963	0.02499
39	306	24	175.7	26.37963	0.024961
47	306	24	175.7	26.37963	0.024507
179	306	24	175.7	26.37963	0.024407
182	306	24	175.7	26.17593	0.024407
1000	306	24	175.7	26.17593	0.024407

从表 7-4、表 7-5 和表 7-6 可知，在收敛速度上，VEPSO-BP 收敛速度最快，算法在迭代 182 次后就得到收敛，MOPSO-DP 次之，CMOPSO 最慢；但是从各个优化目标来看，MOPSO-DP 的优化效果最好，最小资源方差分别比 VEPSO-BP 降低了 10.49％和 16.42％，CMOPSO 次之，其最小资源方差分别比 VEPSO-BP 减少了 3.63％和 4.33％。表 7-7 给出了 MOPSO-DP 优化后最小目标函数值所在的那部分 Pareto 非支配解。

表 7-7　MOPSO-DP 优化后得到的 Pareto 非支配解（部分，案例一）

序号	目标函数值					变量参数												
NO.	PD	MH	PF	HV	FV	$X_{1j1}(j=1,2,\cdots,13)$												
						$a_{1j}^{start}(j=1,2,\cdots,13)$												
						$X_{2j1}(j=1,2,\cdots,13)$												
						$a_{2j}^{start}(j=1,2,\cdots,13)$												
1	306	64	232.68	346.33	0.1318	0	0	0	1	0	0	0	0	0	0	1	0	0
						0	70	80	81	87	90	160	280	91	157	276	292	302
						0	1	1	0	0	1	1	1	1	0	1	1	1
						0	26	75	25	73	87	103	215	87	97	217	227	287

续表

序号	目标函数值					变量参数												
2	403	24	184.8	27.151	0.0295	0	0	0	1	1	1	1	0	1	1	0	0	0
						0	70	80	82	87	92	182	377	92	182	377	389	399
						1	1	1	0	0	1	0	0	1	1	1	1	0
						0	59	73	30	78	95	109	169	92	102	302	312	372
3	440	28	175.7	47.743	0.0292	1	1	1	1	1	1	1	1	1	1	1	1	1
						0	90	105	110	115	120	210	405	120	210	405	420	435
						1	1	1	1	1	1	1	1	1	1	1	1	1
						0	90	100	30	90	141	127	297	110	120	320	330	390
4	381	28	183.32	23.430	0.0284	0	0	0	1	0	0	1	0	0	1	1	0	0
						0	70	80	80	87	90	160	355	91	152	348	367	377
						0	1	0	0	0	1	1	1	1	1	1	1	0
						0	29	65	25	73	89	100	201	87	97	297	307	367
5	391	28	181	32.281	0.0204	0	1	1	1	1	0	1	0	0	1	1	0	0
						0	70	85	90	95	100	170	365	100	163	360	377	387
						0	1	1	1	1	0	1	1	1	1	0	1	0
						0	68	79	25	85	106	115	240	105	115	315	323	383

7.5　案例分析二(任务模式数不等)

7.5.1　应用案例

在"6.5 案例分析一"中所有项目任务的执行模式个数均相等,但是在实际项目实施中,不同任务的执行模式个数可能各不相同。在本节中,以两个网站研发项目为例,且在该项目群中,每个任务最多可有 3 种不同的执行模式,项目网络图如图 7-7 和图 7-8 所示。

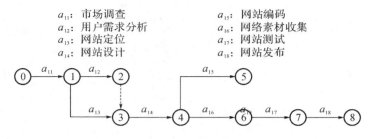

a_{11}: 市场调查　　　　　a_{15}: 网站编码
a_{12}: 用户需求分析　　　a_{16}: 网络素材收集
a_{13}: 网站定位　　　　　a_{17}: 网站测试
a_{14}: 网站设计　　　　　a_{18}: 网站发布

图 7-7　网站研发项目网络(网站一)

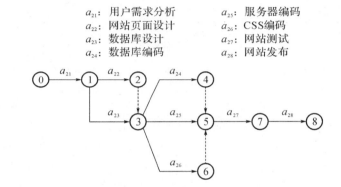

a_{21}: 用户需求分析　　　a_{25}: 服务器编码
a_{22}: 网站页面设计　　　a_{26}: CSS编码
a_{23}: 数据库设计　　　　a_{27}: 网站测试
a_{24}: 数据库编码　　　　a_{28}: 网站发布

图 7-8　网站研发项目网络(网站二)

　　每个任务均需要两种资源：人力资源 HR（单位：个人）和资金 F（单位：万元），其中人力资源为可更新资源，资金为不可更新资源，项目任务的具体信息如表 7-8 所示。

　　对应总工期 PD、人力资源总量 MH、总资金 PF、人力资源方差 HV 和资金资源方差 FV 5 个目标，需设置 5 个子微粒群。为了缩短编码长度，并同时消除式（7.16）的约束，我们引入变量 EM_{ij} 来表示任务 a_{ij} 当前被选中的执行模式，即若 $EM_{ij} = 1$，则 $X_{ij1} = 1, X_{ij2} = 0, X_{ij3} = 0$，且当前被选中的执行模式为 $(D_{ij1}, HR_{ij1}, F_{ij1})$；若 $EM_{ij} = 2$，则 $X_{ij1} = 0, X_{ij2} = 1, X_{ij3} = 0$，且当前被选中的执行模式为 $(D_{ij2}, HR_{ij2}, F_{ij2})$；若 $EM_{ij} = 3$，则 $X_{ij1} = 0, X_{ij2} = 0, X_{ij3} = 1$，且当前被选中的执行模式为 $(D_{ij3}, HR_{ij3}, F_{ij3})$。

表 7-8   网站研发任务信息

任务代码	模式 1			模式 2			模式 3		
	工期 D_{ij1}（日）	人力资源 HR_{ij1}（人）	资金 F_{ij1}（万元）	工期 D_{ij2}（日）	人力资源 HR_{ij2}（人）	资金 F_{ij2}（万元）	工期 D_{ij3}（日）	人力资源 HR_{ij3}（人）	资金 F_{ij3}（万元）
a_{11}	30	2	1.2	20	4	1.6	15	6	1.8
a_{12}	45	2	2	30	4	2.6	/	/	/
a_{13}	12	1	0.24	7	2	0.28	/	/	/
a_{14}	18	1	0.36	12	2	0.48	/	/	/
a_{15}	60	4	5	48	6	5.96	36	9	6.68
a_{16}	32	3	2.12	28	4	2.44	20	6	2.6
a_{17}	30	2	1.2	24	3	1.44	20	4	1.6
a_{18}	12	1	1.24	8	2	1.32	/	/	/
a_{21}	60	1	1.6	40	2	2	/	/	/
a_{22}	52	3	3.12	42	4	3.36	36	5	3.6
a_{23}	24	1	0.48	16	2	0.64	12	3	0.72
a_{24}	30	1	0.6	21	2	0.84	15	3	0.9
a_{25}	56	3	3.56	45	4	3.8	36	6	4.52
a_{26}	45	2	2	30	4	2.6	/	/	/
a_{27}	32	2	1.28	26	3	1.56	22	4	1.76
a_{28}	14	1	1.48	10	2	1.6	8	3	1.68

对应 CMOPSO 和 VEPSO-BP，各子群的种群规模 $Q = 30$；对应 MOPSO-DP，令各子群容量 $K = 50$，子群的初始规模 $Q_0 = 10$；最大迭代次数 $t_{\max} = 1000$，其他的参数设置同案例分析一，具体的数值可参见"7.5.1 应用案例"。

7.5.2   计算结果分析

1. 种群总规模

在 CMOPSO 和 VEPSO-BP 中，各子群的总规模固定为 150。根据"6.6.1 应用案例"中设置的参数，MOPSO-DP 在初次迭代时种群总规模为 50，当算法迭代至 17 次时达到最大值 143，随后 MOPSO-DP 各子群的规模达到平衡（$Q_1 = 23, Q_2 = 26, Q_3 = 23, Q_4 = 34, Q_5 = 37$），总规模也一直保持在 143，图 7-9 所示为算法种群总规模的对比。

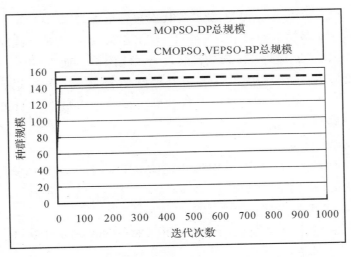

图 7-9　算法种群总规模对比(案例二)

2. 非支配解个数

在案例二中,3 种算法每次迭代所获得的非支配解个数的变动曲线如图 7-10 所示。

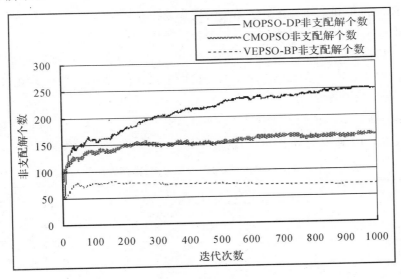

图 7-10　算法非支配解个数对比(案例二)

由图 7-10 可知,在初次迭代,由于 MOPSO-DP 的种群规模小于 CMOPSO和 VEPSO-BP,故 MOPSO-DP 只得到 17 个非支配解,少于 CMOPSO、VEPSO-

BP 得到的个数 26 和 23。但是，随着迭代次数的增加，VEPSO-DP 每次迭代获得的非支配解个数一直维持在 70 左右。CMOPSO 获得的非支配解数量要高于 VEPSO-BP，且在经过 726 次迭代后，达到峰值 164。而 MOPSO-DP 获得的非支配个数随着算法的迭代，一直呈上升趋势，在经过 934 次迭代后，达到峰值 252，如图 7-10 所示，MOPSO-DP 获得的非支配解个数最多，CMOPSO 次之，VEPSO-BP 最少。

3. 非支配解质量

为了评价案例分析二中 MOPSO-DP、CMOPSO 和 VEPSO-BP 所得到的非支配解的质量，采用以下评价指标：

(1)非支配解优劣指标 C

记 DP、SO 和 BP 分别是 MOPSO-DP、CMOPSO 和 VEPSO-BP 所得到的非支配解集，经计算得：

$C(DP,SO) = 0.640, C(SO,DP) = 0.137;$

$C(DP,BP) = 0.918, C(BP,DP) = 0.004;$

$C(SO,BP) = 0.699, C(BP,SO) = 0.110;$

(2)均匀性指标 SP

计算后，得到案例二各算法的均匀性指标：

$SP_{\text{MOPSO-DP}} = 0.814, SP_{\text{CMOPSO}} = 0.914, SP_{\text{VEPSO-BP}} = 1.750$

从计算得到的指标 C 和 SP 可知，案例二中 MOPSO-DP 得到的非支配解要优于 CMOPSO 和 VEPSO-BP，且分布也较 CMOPSO 和 VEPSO-BP 均匀。

4. 算法收敛速度

在案例二中，MOPSO-DP、CMOPSO，VEPSO-BP 3 种算法的收敛速度如表 7-9、表 7-10 和表 7-11 所示。

表 7-9　MOPSO-DP 收敛速度(案例二)

迭代次数	$PD_{\min}$	$MH_{\min}$	$PF_{\min}$	$HV_{\min}$	$FV_{\min}$
1	153	11	29.16	6.5169	0.00251
2	153	11	28.84	6.5169	0.00238
3	151	11	28.64	6.5169	0.00238
4	151	11	28.64	5.7303	0.00195
6	151	10	28.44	4.5393	0.00161

续表

迭代次数	PD_{min}	MH_{min}	PF_{min}	HV_{min}	FV_{min}
7	151	10	28.32	4.5393	0.00161
8	150	10	28.32	4.5393	0.00126
9	146	10	28.32	4.5393	0.00126
10	146	10	28.32	4.5393	0.0012
13	146	10	28.24	4.5393	0.0012
14	144	10	27.92	4.5393	0.0012
18	144	10	27.92	4.4831	0.0012
19	142	10	27.92	4.4382	0.0012
22	142	10	27.92	4.2584	0.00119
24	142	10	27.88	4.0337	0.00118
25	142	10	27.64	4.0337	0.00105
27	142	10	27.48	4.0337	0.00105
45	142	10	27.48	4.0112	0.00105
60	142	10	27.48	3.9551	0.00105
86	142	10	27.48	3.9551	0.00103
126	142	10	27.48	3.9101	0.00103
173	142	10	27.48	3.9101	0.00103
180	142	10	27.48	3.9101	0.00103
255	142	10	27.48	3.9101	0.00103
515	142	10	27.48	3.8764	0.00103
542	142	10	27.48	3.8764	0.00102
545	142	10	27.48	3.8652	0.00102
1000	142	10	27.48	3.8652	0.00102

表 7-10　CMOPSO 收敛速度(案例二)

迭代次数	PD_{min}	MH_{min}	PF_{min}	HV_{min}	FV_{min}
1	144	11	28.16	6.6535	0.0028
2	142	11	28.16	6.6535	0.0024
3	142	11	27.92	6.5393	0.0024
4	142	10	27.88	6.5393	0.002
5	142	10	27.88	5.4831	0.0018
6	142	10	27.88	5.4731	0.0015
7	142	10	27.48	5.4731	0.0015

续表

迭代次数	PD_{min}	MH_{min}	PF_{min}	HV_{min}	FV_{min}
8	142	10	27.48	4.9101	0.0015
9	142	10	27.48	4.7865	0.0015
10	142	10	27.48	4.7865	0.0014
11	142	10	27.48	4.7865	0.0014
13	142	10	27.48	4.7191	0.0014
25	142	10	27.48	4.7079	0.0014
35	142	10	27.48	4.6404	0.0014
66	142	10	27.48	4.6404	0.0014
119	142	10	27.48	4.6067	0.0014
132	142	10	27.48	4.6067	0.0013
188	142	10	27.48	4.5843	0.0013
192	142	10	27.48	4.5281	0.0013
474	142	10	27.48	4.5281	0.0013
497	142	10	27.48	4.5281	0.0013
1000	142	10	27.48	4.5281	0.0013

表 7-11　VEPSO-BP 收敛速度（案例二）

迭代次数	PD_{min}	MH_{min}	PF_{min}	HV_{min}	FV_{min}
1	144	12	28.72	7.05	0.0028
3	142	12	28.72	7.05	0.0028
5	142	12	28.72	5.4731	0.0024
6	142	12	28.72	5.4731	0.00213
39	142	11	28.44	5.4731	0.00182
44	142	11	27.88	5.4731	0.00182
52	142	11	27.48	5.4731	0.00182
55	142	11	27.48	5.3833	0.00182
189	142	10	27.48	5.3389	0.00180
314	142	10	27.48	5.1389	0.00170
1000	142	10	27.48	5.1389	0.00170

从表 6-9、表 6-10 和表 6-11 可知，在收敛速度上，VEPSO-BP 收敛速度最快，算法在迭代 314 次后就得到收敛，CMOPSO 次之，MOPSO-DP 最慢；但是从各个优化目标来看，MOPSO-DP 的优化效果最好，最小资源方差分别比

CMOPSO 降低了 14.64% 和 22.21%，CMOPSO 次之，其最小资源方差分别比 VEPSO-BP 减少了 11.89% 和 22.99%。表 7-12 给出了 MOPSO-DP 优化后最小目标函数值所在的那部分 Pareto 非支配解。

表 7-12　MOPSO-DP 优化后得到的 Pareto 非支配解（部分，案例二）

NO.	PD	MH	PF	HV	FV	变量参数 $EM_{1j}(j=1,2,\cdots,8)$ / $a_{1j}^{start}(j=1,2,\cdots,8)$ / $EM_{2j}(j=1,2,\cdots,8)$ / $a_{2j}^{start}(j=1,2,\cdots,8)$							
1	142	20	33.32	21.338	0.0079	3	2	2	2	2	1	2	1
						0	15	29	45	57	57	105	129
						2	3	2	1	3	2	3	3
						0	40	40	82	76	82	112	134
2	178	10	30.04	3.865	0.0011	3	2	1	2	1	1	1	1
						0	15	28	45	57	65	117	147
						2	1	2	1	1	1	3	3
						0	40	43	118	92	103	148	170
3	214	12	27.48	9.944	0.0034	1	1	1	1	1	1	1	1
						0	30	47	75	93	93	153	183
						1	1	1	1	1	1	1	1
						0	60	71	138	112	123	168	200
4	178	10	30.04	3.865	0.0011	3	2	1	2	1	1	1	1
						0	15	28	45	57	65	117	147
						2	1	2	1	1	1	3	3
						0	40	43	118	92	103	148	170
5	180	10	29.96	4.6	0.0010	3	2	1	2	1	1	1	1
						0	15	30	45	57	60	117	147
						2	1	2	1	1	1	3	2
						0	40	44	117	92	102	148	170

从案例一和案例二的计算分析中可知，MOPSO-DP 在处理高维度多目标优化问题上，其优化效果要明显好于 CMOPSO 和 VEPSO-DP。

第8章　基于模糊关键链的软件项目群资源冲突消解方法

在多个软件项目并行实施的情况下,由于项目管理者知识的局限性、项目执行环境的不确定性以及系统资源的有限性等原因,不可避免会遇到各种资源冲突。若资源冲突不能及时消解,可能使整个项目群的工期延误、成本超支。为此,需要针对软件项目群环境下出现的各种冲突现象提供可行的冲突解决方法,及时有效地消除冲突。

近年来,针对传统 CPM/PERT 在实际工作中所出现的各种问题[158],人们开始关注约束理论在项目管理领域的应用:关键链项目管理(Critical Chain Project Management,CCPM)方法。关键链项目管理方法是对传统网络计划技术的一种突破。CCPM 既考虑项目网络优化,又将许多管理思想(如消除由于学生综合征、帕金森定律等因素所形成的不良的工作行为)应用于项目管理领域。在优化技术上,CCPM 融合了 CPM/PERT 和资源受限的项目调度问题,为项目资源冲突[129]的消解提供了一种新的思路。

在关键链项目管理中,任务工期的估算和缓冲区尺寸的设置对成功执行关键链项目调度非常重要。目前,对于任务工期有详尽资料的项目,可以根据统计规律确定任务工期的概率分布,并采用任务 50% 可能按时完成的时间作为单个任务工期的估计[70]。然而,对于缺乏项目历史统计数据且任务具有唯一性的软件项目,要估计任务工期的概率分布非常困难,这使得基于概率论的关键链项目管理方法并不适用[158]。为了解决这一问题,Luong[63]和杨莉[159]分别将模糊理论与关键链项目管理相结合,提出了模糊关键链管理方法,并将之应用于单项目的资源冲突问题。

针对关键链单项目管理的缓冲区尺寸的设置,常用的方法主要有剪切粘贴法(Cut and Paste Method,C&PM)[34]和根方差法(Root Square Error Method,RSEM)[73]。剪切粘贴法虽然操作简单、方便易行,但是缓冲大小与关键链的长度呈线性关系,容易产生过大或过小的问题。根方差法符合非确定性执行时间累积的统计规律,可避免缓冲区过大或过小的现象,但是可能对于较长的关键链会产生较小的缓冲。对于上述这些问题,许多学者对剪切粘贴法和根方差法加以改进,提出了各自的缓冲区设置方法:Tukel 等[75]认为在设置项目缓冲大小时需要考虑项目的特点,提出了缓冲密度求解法和资源密度求解法两种方法;Xie 等[104]综合考虑了软件项目的任务复杂性、资源紧缺度和安全时间等因素,提出了确定软件项目关键链缓冲的新方法。

到目前为止,已有的研究主要集中于基于概率论的关键链多项目管理问题[20,75,106],尚未有文献对多个项目的资源冲突问题进行研究。本章首先提出了基于德尔菲和模糊理论的任务工期估算方法;然后分析了基于模糊关键链的软件项目群资源冲突消解步骤;接着对软件项目群缓冲区尺寸的设置问题作了研究,并从项目群环境下能力约束任务的特点出发,综合考虑了任务复杂度、资源紧张度和安全时间等因素的影响,提出了一种确定能力约束缓冲的新方法;最后通过一个案例,分析验证了该方法的有效性和可行性。

8.1　基于德尔菲的任务工期模糊估算

8.1.1　梯形模糊数

定义 8.1[122]　实数域 R 上的模糊集 $A \in I(R)$ 称为 R 上的一个模糊数。

定义 8.2[122]　设 $A \in I(R)$,且

$$\mu(x) = \begin{cases} \dfrac{x-a}{b-a}, & a \leqslant x \leqslant b \\ 1, & b < x \leqslant c \\ \dfrac{d-x}{d-c}, & c < x \leqslant d \\ 0, & x \in (-\infty, a) \text{ or } x \in (d, +\infty) \end{cases}$$

如图 8-1 所示,其中 $\mu(x)$ 为 A 的隶属度,易证 A 也是模糊数,称为梯形模糊数,简记为 $A = (a, b, c, d)$。

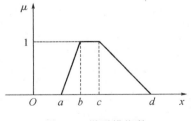

图 8-1　梯形模糊数

梯形模糊数有以下运算性质[159]：设 $A = (a_1, b_1, c_1, d_1), B = (a_2, b_2, c_2, d_2)$，则：

(1) $A + B = (a_1 + a_2, b_1 + b_2, c_1 + c_2, d_1 + d_2)$；

(2) $\lambda \cdot A = (\lambda \cdot a_1, \lambda \cdot b_1, \lambda \cdot c_1, \lambda \cdot d_1)$

定义 8.3[62]   真度系数（Agreement Index）$AI(A, B)$ 用于衡量两个模糊事件 A, B 间的吻合程度，其计算公式如下：

$$AI(A, B) = \frac{\text{Area}(A \bigcap B)}{\text{Area}(A)} \tag{8.1}$$

其中，$\text{Area}(A) = \int \mu_A(x) \mathrm{d}x$，$\text{Area}(A \bigcap B) = \int \mu_{A \cap B}(x) \mathrm{d}x$。

由式（8.1）可知，真度系数 $AI(A, B)$ 等于 A 与 B 重合部分的面积与 A 的面积之比，如图 8-2 所示。

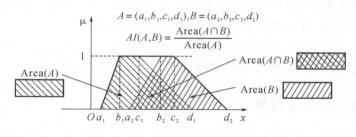

图 8-2   真度系数

真度系数是一个非常好的指标，因为它充分考虑到模糊事件的分布形式[62]，采用面积比定义真度系数比较符合直观[159]。真度系数 $AI \in [0, 1]$，只有 A 与 B 完全符合的时候，$AI(A, B) = 1$。

8.1.2   任务工期的模糊估算

在已有的关于模糊关键链管理的文献中，任务工期的估算方法主要有两种：一是杨莉提出的使用模糊语言时间值表征任务工期法，即用语言集代表一组有序的语言时间值的集合，其中每个语言时间值可用梯形模糊数表示，并以隶属度为 1 的时间段为界限，结合项目管理者的风险偏好，计算任务的正常工期[159]（最可能工期）t_i^*。这种方法在估算任务工期时以周为基准单位，且通过项目管理者的主观风险偏好来计算正常工期，估算方法不够精确，受项目管理者的主观因素影响较多。另一种方法是 Luong Duc Long 在文献[62]中提出的，该方法通过梯形模糊数 $(t_{\min}, t_L, t_D, t_{\max})$ 来表示任务的工期，其中 $t_{\min}$ 为任务的最短工期，$t_{\max}$ 为最长工期，t_L 为最可能工期的最小值，t_D 为最可能工期的最大值，并应用智能进化算法来计算任务的正常工期，但是该方法未给出任务的最短工期、最长工期、最可能工期的最小值和最可能工期的最大值的具体估算方法。本节结合这两种方法加以完善,提出了基于德尔菲(Delphi)和模糊理论的任务工期估算方法,具体如下:

(1)确定专家组。专家组可由熟悉软件项目开发过程的系统分析员、系统设计员、程序员、测试员和项目经理组成,专家人数 N 一般不少于 10 人。

(2)各位专家根据他们所收到的软件项目材料,以书面形式给出自己对每项任务的工期(单位:日)估算,并给出各项任务的最有可能工期 t^M、最短工期 t^L 和最长工期 t^R。各位专家在回答时应以匿名的方式,且专家之间不得相互讨论,不发生横向联系。

(3)对各位专家给出的工期估算值进行平均,得到 N 个专家对任务 i 的最有可能工期平均估算值 $\overline{t_i^M}$、最短工期平均估算值 $\overline{t_i^L}$ 和最长工期平均估算值 $\overline{t_i^R}$:

$$\overline{t_i^M} = \frac{1}{N}\sum_{j=1}^{N} t_{ij}^M , \overline{t_i^L} = \frac{1}{N}\sum_{j=1}^{N} t_{ij}^L , \overline{t_i^R} = \frac{1}{N}\sum_{j=1}^{N} t_{ij}^R$$

(4)计算各位专家的估算值与平均估算值的偏差:

$$\Delta t_{ij}^M = \mid t_{ij}^M - \overline{t_i^M} \mid , \Delta t_{ij}^L = \mid t_{ij}^L - \overline{t_i^L} \mid , \Delta t_{ij}^R = \mid t_{ij}^R - \overline{t_i^R} \mid \quad (1 \leqslant j \leqslant N)$$

(5)对偏差较大的工期估算值,需要请第 j 位专家重新估计 $t_{ij}^M , t_{ij}^L , t_{ij}^R$。经过几轮反复调整,直到偏差在所规定的范围内为止。

(6)将各位专家的意见进行汇总,对各项任务不同专家所给出的最有可能工期、最短工期和最长工期按升序排列。例如,任务 i 的最有可能工期集合 $T^M = \{t_{i1}^M, t_{i2}^M, \cdots, t_{iN}^M\}$,且 $t_{i1}^M \leqslant t_{i2}^M \leqslant \cdots \leqslant t_{iN}^M$;最短工期集合 $T^L = \{t_{i1}^L, t_{i2}^L, \cdots, t_{iN}^L\}$,且 $t_{i1}^L \leqslant t_{i2}^L \leqslant \cdots \leqslant t_{iN}^L$;最长工期集合 $T^R = \{t_{i1}^R, t_{i2}^R, \cdots, t_{iN}^R\}$,且 $t_{i1}^R \leqslant t_{i2}^R \leqslant \cdots \leqslant t_{iN}^R$。

(7)使用梯形模糊数 $D_i = (a_i, b_i, c_i, d_i)$ 表示任务 i 的工期,其中 $a_i = \min\{T^L\}$,$d_i = \max\{T^R\}$,$b_i = \min\{T^M\}$,$c_i = \max\{T^M\}$,并按式(8.2)估算任务 i 的正常工期 t_i^*:

$$t_i^* = \mathrm{int}\left(\frac{\sum_{j=1}^{N} t_{ij}^M}{N}\right) + 1 \tag{8.2}$$

式(8.2)表示工期不足一日的,以一日计算,其中 $\mathrm{int}(\cdot)$ 表示取整函数。

任务的正常工期 t_i^* 是指该任务在排除不确定因素情况下完成所需要的时间,根据任务的正常工期和任务间的时序关系,构建软件项目的网络图,并确定初始关键链。任务的正常工期既不会因为大量安全时间存在而出现学生综合症、帕金森定律等工作积压现象,又会因为其存在按时完成的可能性而对工作人员起到激励作用[159]。

8.1.3 高真度工期和安全时间的确定

为了确保项目任务能按期完工,项目经理在完成任务的工期估算后,通常会考虑任务在正常工期 t_i^* 内完工的可能性(任务完工真度)。假设按 8.1.2 中的估算方法,得到任务 i 的工期为 $D_i = (a_i, b_i, c_i, d_i)$,正常工期为 t_i^*,如图 8-3 所示。

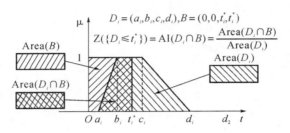

图 8-3 任务在正常工期内的完工真度

可应用 8.1.1 中真度系数的计算方法,求出任务 i 在正常工期 t_i^* 内完工的真度 $Z(\{D_i \leqslant t_i^*\})$,计算公式为:

$$Z(\{D_i \leqslant t_i^*\}) = AI(D_i, B) = \frac{2t_i^* - b_i - a_i}{c_i - b_i + d_i - a_i} \qquad (8.3)$$

例如 $D_i = (4, 5, 8, 10)$ 表示专家估计任务 i 的工期,且该任务的正常工期 $t_i^* = 7$,则该任务在正常工期内的完工真度为 $Z(\{D_i \leqslant t_i^*\}) = 55.56\%$,如果正常工期内的完工真度过低,我们就需要在项目缓冲区内预留出足够的安全时间,以保证项目能够如期完工,具体步骤如下:

(1)按照项目管理者的风险偏好,设定各项任务的完工真度 Z_i,不同任务的完工真度可各不相同,对于关键任务(资源需求量较高,或任务风险系数较高,或对软件项目成功与否起关键因素)可设置较高的完工真度。

(2)根据任务 i 所设定的完工真度 Z_i,按式(8.4)求出任务的高真度工期[48,162] t_i^H:

$$Z_i = Z(\{D_i \leqslant t_i^H\}) = \begin{cases} 0 & t_i^H \leqslant a_i \\ 1 & t_i^H \geqslant d_i \\ \dfrac{(t_i^H - a_i)^2 / (b_i - a_i)}{c_i - b_i + d_i - a_i} & a_i < t_i^H \leqslant b_i \\ \dfrac{2t_i^H - b_i - a_i}{c_i - b_i + d_i - a_i} & b_i < t_i^H \leqslant c_i \\ \dfrac{(c_i - b_i + d_i - a_i) - (d_i - t_i^H)^2 / (d_i - c_i)}{c_i - b_i + d_i - a_i} & c_i < t_i^H < d_i \end{cases}$$

$$(8.4)$$

（3）计算各项任务的安全时间[60,167] t_i^S，安全时间的长度等于任务的高真度工期与正常工期之差：

$$t_i^S = t_i^H - t_i^*$$ (8.5)

8.2　基于模糊关键链的软件项目群资源冲突消解步骤

在多项目环境下，项目的调度和计划变得更加复杂。本节结合 Goldratt 所提出的关键链多项目管理五步法[106]和杨莉等学者所提出的模糊关键链管理步骤，提出了基于模糊关键链的软件项目群资源冲突消解步骤：

（1）根据软件企业的战略发展规划，以企业的目标、项目的盈利能力、项目的预算周期和客户的重要性对各个软件项目确定一个优先级，并将项目群中的所有项目按照其优先级的高低降序排列，即 $p_1^{PRI} \geqslant p_2^{PRI} \geqslant \cdots \geqslant p_N^{PRI}$，其中 p_i^{PRI} 表示第 i 个项目的优先级。

（2）按关键链项目管理方法单独计划和调度每一个软件项目。首先以正常工期 t_i^* 作为任务工期，构建网络图；然后考虑任务间时序关系和资源约束关系，通过资源均衡化解资源冲突；接着找出项目最长任务序列，确定为关键链；最后设置各个软件项目的接驳缓冲和项目缓冲，其中接驳缓冲设置在非关键链到关键链的入口处，用于保证关键链上的关键任务能及时得到执行，项目缓冲设置在项目关键链的尾部，用于吸收整个项目的延期风险。

（3）定义能力约束资源（Capacity Constraint Resource，CCR），并在使用能力约束资源的任务前插入鼓缓冲（Drum Buffer，DB）。在关键链多项目管理中，负荷最重的资源被称为能力约束资源或鼓资源，使用能力约束资源的任务称为能力约束任务（Capacity Constraint Acitvity，CCA）或鼓任务；在多项目环境下，能力约束资源经常处于供应短缺或过度使用状态，严重影响到各个项目关键链进度。为了保证需要能力约束资源的任务能够按时开工，需要在能力约束资源前设置鼓缓冲，其作用类似于单项目关键链管理中的资源缓冲。能力约束资源及鼓缓冲的设置如图 8-4 所示。

（4）为了避免资源冲突，根据项目优先级，在前后两个项目间插入能力约束缓冲（Capacity Constraint Buffer，CCB）以交错各个项目的开工时间。能力约束缓冲设置在紧前项目最后一个使用能力约束资源的任务与紧后项目第一个使用能力约束资源的任务之间，如图 8-5 所示。

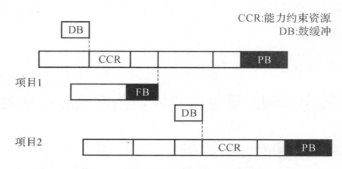

图 8-4   能力约束资源及鼓缓冲的设置

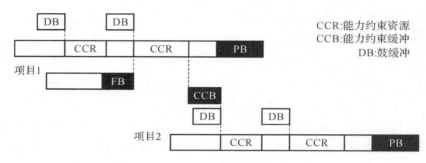

图 8-5   能力约束缓冲的设置

设置能力约束缓冲的作用是为了平衡项目间对能力约束资源的过载负荷，实现能力约束资源的同步化调度，避免后一项目受前一项目的影响。

(5)对缓冲区进行有效的管理。在项目群管理的运作执行和控制方面，我们同样使用 CCPM 实现项目群进度的控制；采用基于项目缓冲占用率和项目状态(以关键链上的任务完成率衡量)的方法，将项目状态分为安全区、警戒区、危险区三个区域进行管理，如图 8-6 所示。

对于处在安全区的项目，说明项目状态良好且项目缓冲占用率低，项目进展顺利，可以不采取任何措施。对于处在警戒区的项目，其状态与项目缓冲占用率处于临界状态，管理层要制订风险应对计划或采取一些改进措施；对于处在危险区的项目，说明这些项目已经因为各种原因开始大量占用项目缓冲，极易导致项目延期，应该立刻采取相应的补救措施，将项目状态尽快远离危险区。

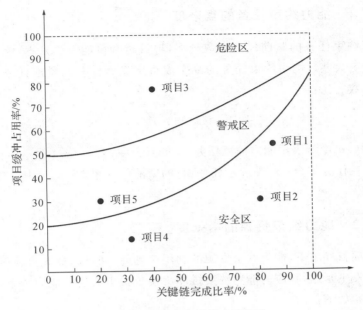

图 8-6　软件项目群缓冲区管理

8.3　软件项目群缓冲区尺寸研究

由于项目缓冲和接驳缓冲不是本章的研究重点,所以采用简单易行的根方差法计算其大小,其中项目缓冲的大小等于关键链上任务的安全时间的根方差,接驳缓冲的大小等于汇入关键链任务之前的非关键链上所有任务的安全时间的根方差:

$$PB_i = \Big[\sum_{j \in \propto(p_i)} (t_{ij}^S)^2 \Big]^{1/2} \tag{8.6}$$

$$FB_i = \Big[\sum_{j \in NCC(p_i)} (t_{ij}^S)^2 \Big]^{1/2} \tag{8.7}$$

式(8.6)和式(8.7)中,PB_i 表示第 i 个项目 p_i 的项目缓冲;$CC(p_i)$ 表示项目 p_i 的关键链;FB_i 表示项目 p_i 的接驳缓冲;$NCC(p_i)$ 表示项目 p_i 的非关键链;t_{ij}^S 表示任务 a_{ij} 的安全时间,其中 a_{ij} 表示第 i 个项目中的第 j 个任务。

能力约束缓冲设置在相邻的两个项目之间,用以保证后一项目的能力约束任务能够按时开工。因此,能力约束缓冲的大小应综合考虑前一个项目的能力约束任务的复杂度、能力约束资源的紧张度和安全时间等因素。

8.3.1　能力约束任务的复杂度

能力约束任务的紧前任务个数越多,项目越有可能发生延迟,能力约束缓冲应设置更大些。能力约束任务的复杂度可定义为任务的紧前任务个数与项目任务总数之比:

$$a_{ij}^{\text{Complex}} = \frac{a_{ij}^{\text{pnum}}}{p_i^{\text{num}}}, j \in CCA(p_i) \tag{8.8}$$

式(8.8)中, a_{ij}^{Complex} 表示能力约束任务 a_{ij} 的复杂度; $CCA(p_i)$ 表示项目 p_i 的所有能力约束任务集合; a_{ij}^{pnum} 表示任务 a_{ij} 的紧前任务个数; p_i^{num} 表示项目 p_i 的任务总数。

8.3.2　能力约束资源的紧张度

在多项目环境下,能力约束资源的利用率越高,任务的资源负荷越大,项目越有可能发生延迟,相应的能力约束缓冲应设置得更大些。能力约束资源的紧张度的计算如下:

$$a_{ij}^{\text{Constr}} = \max\left\{\frac{CCR(t)}{CCR_t}\right\}, t \in [a_{ij}^{\text{start}}, a_{ij}^{\text{finish}}], j \in CCA(p_i) \tag{8.9}$$

式(8.9)中, a_{ij}^{Constr} 表示在任务 a_{ij} 的实施过程中,能力约束资源的紧张度; $CCR(t)$ 表示时刻 t 项目 p_i 对能力约束资源的需求量; CCR_t 表示时刻 t 能力约束资源的总供应量(容量); a_{ij}^{start} 为任务 a_{ij} 的开始时间; a_{ij}^{finish} 为任务 a_{ij} 的结束时间。

8.3.3　能力约束任务的安全时间

在单项目模糊关键链管理中,缓冲尺寸的计算都是基于任务的安全时间。类似的,在多项目环境下,能力约束缓冲的计算中还需考虑能力约束任务的安全时间。

综合以上三种因素,可得到能力约束缓冲的计算公式:

$$CCB_i = \left\{\sum_{j \in CCA(p_i)} \left[(1 + a_{ij}^{\text{Complex}} + a_{ij}^{\text{Constr}}) \cdot (t_{ij}^S)^2\right]\right\}^{1/2} \tag{8.10}$$

式(8.10)中, CCB_i 表示项目 p_i 与项目 p_{i+1} 间的能力约束缓冲; a_{ij}^{Complex} 表示能力约束任务 a_{ij} 的复杂度; a_{ij}^{Constr} 表示在任务 a_{ij} 的实施过程中,能力约束资源的紧张度; t_{ij}^S 表示任务 a_{ij} 的安全时间。

8.4　案例分析

下面以两个具有典型意义的软件研发项目为例,来说明基于模糊关键链的软件项目群资源冲突消解方法的具体应用。

(1)首先应用层次分析法(Analytic Hierarchy Process,AHP)对项目进行排序,并确定各个项目的优先级。

①根据软件企业的实际情况,制定一套由项目的盈利能力、项目的紧迫性和客户的重要性所组成的评价指标,其中项目盈利能力以项目合同价格(f_1)为依据,项目紧迫性以目前距离项目截止日期的剩余天数(f_2)为标准,而客户重要性用最近三年内软件企业与客户之间的合作次数(f_3)来衡量,具体指标如表 8-1 所示。

表 8-1　项目的评价指标

项　目	合同价格（万元）	距离项目截止日期的剩余天数（日）	最近三年内的合作次数（次）
某数码公司库存管理系统开发项目	50	320	2
某丝绸贸易公司进销存系统开发项目	42	260	4

在项目评价指标中,f_1,f_3 是效益型指标,越大越好;f_2 是成本型指标,f_2 越小说明项目紧迫性程度越高,表 8-1 对应的原始指标数据矩阵为:

$$X = (x_{ij})_{2\times3} = \begin{bmatrix} 50 & 320 & 2 \\ 42 & 260 & 4 \end{bmatrix}$$

②用线性变化法对原始指标数据进行无量纲化处理,其中效益型指标的无量纲化公式为:

$$y_{ij} = \frac{x_{ij}}{\max\{x_j\}}$$

其中,$\max\{x_j\}$ 表示原始指标数据矩阵第 j 列中的最大值。

成本型指标的无量纲化公式为:

$$y_{ij} = \frac{\min\{x_j\}}{x_{ij}}$$

其中,$\min\{x_j\}$ 表示原始指标数据矩阵第 j 列中的最小值。

经计算,得到标准化矩阵为:

$$Y = (y_{ij})_{2 \times 3} = \begin{bmatrix} 1.000 & 0.813 & 0.500 \\ 0.840 & 1.000 & 1.000 \end{bmatrix}$$

③构建判断矩阵。由项目组负责人对各指标进行两两比较，并得到判断矩阵：

$$A = (a_{ij})_{n \times n} = \begin{bmatrix} 1 & 3 & 2 \\ 1/3 & 1 & 1/2 \\ 1/2 & 2 & 1 \end{bmatrix}$$

④判断矩阵的一致性检查。计算判断矩阵的最大特征值 $\lambda_{\max}$、一致性指标 CI 和一致性比率 CR，得到：

$$\lambda_{\max} = 3.009, CI = \frac{\lambda_{\max} - n}{n - 1} = 0.0045, CR = \frac{CI}{RI} = \frac{0.0045}{0.58} = 0.0078$$

其中，RI 为随机指标，阶数为 3 的判断矩阵 RI 等于 0.58；$CR < 0.1$，则可认为判断矩阵 A 的一致性可以接受。

⑤计算最大特征值所对应的特征向量 $W = (\omega_1, \omega_2, \cdots, \omega_n)^T$：

计算得到：$\omega_1 = 0.5396, \omega_2 = 0.1634, \omega_3 = 0.2970$

⑥计算各项目的得分，并确定项目排序：

$$v_i = \sum_{j=1}^{n} \omega_j y_{ij}$$

经计算：$v_1 = 0.821, v_2 = 0.914$

按"7.2 基于模糊关键链的软件项目群资源冲突消解步骤"中所设定的项目排序规则，将某丝绸贸易公司进销存系统开发项目设为 p_1，将某数码公司库存管理系统开发项目设为 p_2。

（2）对项目进行工作任务分解，得到项目网络图，如图 8-7 和图 8-8 所示。

a_{11}：用户需求分析　　　a_{15}：功能模块编码
a_{12}：功能模块设计　　　a_{16}：用户接口编码
a_{13}：数据库设计　　　　a_{17}：系统测试
a_{14}：用户接口设计　　　a_{18}：系统发布

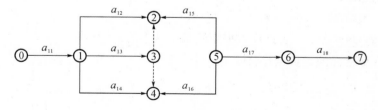

图 8-7　项目一的网络

a_{21}: 用户需求分析　　　　a_{26}: 用户接口编码
a_{22}: 功能模块设计　　　　a_{27}: 数据库接口编码
a_{23}: 用户接口设计　　　　a_{28}: 系统测试
a_{24}: 数据库设计　　　　　a_{29}: 系统发布
a_{25}: 功能模块编码

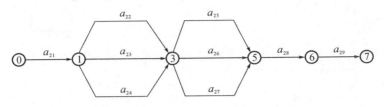

图 8-8　项目二的网络

(3)明确各任务的资源需求,并按"8.2.2 任务工期的模糊估算"中提出的基于德尔菲法和模糊理论的任务工期估算方法,得到项目任务的工期估计。然后再根据任务 a_{ij} 所设定的完工真度 Z_{ij},按式(8.4)和式(8.5)计算任务 a_{ij} 的高真度工期 t_{ij}^H 和安全时间 t_{ij}^S,具体如表 8-2 所示。

表 8-2　项目任务的工期估算　　　　　　　　　　(单位:日)

任务代码 a_{ij}	工期模糊数 D_{ij}	正常工期 t_{ij}^*	完工真度 Z_i	高真度工期 t_{ij}^H	安全时间 t_{ij}^S	所需资源 R	资源描述
a_{11}	(12,16,25,30)	21	95%	27.4	6.4	R_1	系统分析员 A
a_{12}	(25,30,46,52)	39	95%	48.4	9.4	R_2	系统设计员 A
a_{13}	(10,13,22,28)	18	90%	24.0	6.0	R_3	系统设计员 B
a_{14}	(21.26,38,45)	33	95%	41.5	8.5	R_2	系统设计员 A
a_{15}	(35,45,60,67)	52	90%	61.3	9.3	R_4	程序开发员 A
a_{16}	(32,38,53,61)	46	90%	55.1	9.1	R_5	程序开发员 B
a_{17}	(15,19,28,32)	24	85%	28.1	4.1	R_6	系统测试员 A
a_{18}	(6,8,12,15)	10	95%	13.6	3.6	R_7	系统维护员 A
a_{21}	(15,20,33,37)	26	95%	34.4	8.4	R_8	系统分析员 B
a_{22}	(25,30,48,55)	40	90%	49.2	9.2	R_9	系统设计员 C
a_{23}	(18,25,34,38)	29	95%	35.6	6.6	R_2	系统设计员 A
a_{24}	(10,13,18,24)	16	90%	20.6	4.6	R_{10}	系统设计员 D
a_{25}	(38,43,55,65)	51	95%	60.6	9.6	R_{11}	程序开发员 C
a_{26}	(28,35,48,57)	42	90%	50.9	8.9	R_5	程序开发员 B
a_{27}	(10,15,20,23)	17	95%	21.4	4.4	R_{11}	程序开发员 C
a_{28}	(15,22,36,45)	30	85%	37.3	7.3	R_{12}	系统测试员 B
a_{29}	(5,7,10,15)	9	95%	13.2	4.2	R_7	系统维护员 A

（4）确定初始关键链。根据图 8-7、图 8-8 和表 8-2，不考虑资源约束，得到项目一和项目二的进度计划，如图 8-9 和图 8-10 所示。

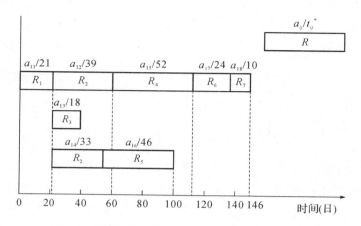

图 8-9　不考虑资源约束的项目进度计划（项目一）

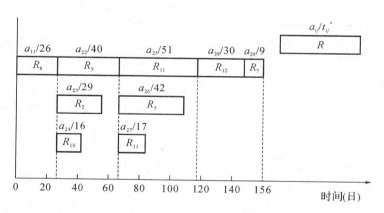

图 8-10　不考虑资源约束的项目进度计划（项目二）

由图 8-9 和图 8-10 可知，在同一时间段，项目一中的任务 a_{12} 和任务 a_{14} 都需要使用资源 R_2，项目二中的任务 a_{25} 和任务 a_{27} 都需要使用资源 R_{11}。为避免资源冲突，需对项目一和项目二进行调度。这里，我们应用基于 SGS 的启发式算法，调度后的项目进度计划如图 8-11 和图 8-12 所示。

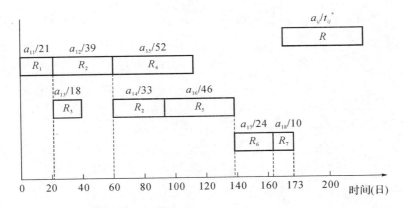

图 8-11　考虑资源约束的项目进度计划（项目一）

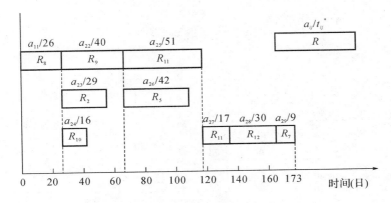

图 8-12　考虑资源约束的项目进度计划（项目二）

项目一的关键链为 $a_{11}-a_{12}-a_{14}-a_{16}-a_{17}-a_{18}$，故 PB_1 与任务 a_{11}，a_{12}，a_{14}，a_{16}，a_{17}，a_{18} 有关，FB_{11} 与任务 a_{13} 有关，FB_{12} 与任务 a_{15} 有关。

项目二的关键链为 $a_{21}-a_{22}-a_{25}-a_{27}-a_{28}-a_{29}$，故 PB_2 与任务 a_{21}，a_{22}，a_{25}，a_{27}，a_{28}，a_{29} 有关，FB_{21} 与任务 a_{23} 和任务 a_{26} 有关，FB_{22} 与任务 a_{24} 有关。

根据式（8.6）和式（8.7），计算得：

$$PB_1 = \sqrt{(t_{11}^S)^2 + (t_{12}^S)^2 + (t_{14}^S)^2 + (t_{16}^S)^2 + (t_{17}^S)^2 + (t_{18}^S)^2} = 17.7$$

$$FB_{11} = \sqrt{(t_{13}^S)^2} = 6.0, FB_{12} = \sqrt{(t_{15}^S)^2} = 9.3$$

$$PB_2 = \sqrt{(t_{21}^S)^2 + (t_{22}^S)^2 + (t_{25}^S)^2 + (t_{27}^S)^2 + (t_{28}^S)^2 + (t_{29}^S)^2} = 18.3$$

$$FB_{21} = \sqrt{(t_{23}^S)^2 + (t_{26}^S)^2} = 11.0$$

$$FB_{22} = \sqrt{(t_{24}^S)^2} = 4.6$$

增加项目缓冲和接驳缓冲后，项目一和项目二的进度计划如图 8-13 和图 8-14所示。

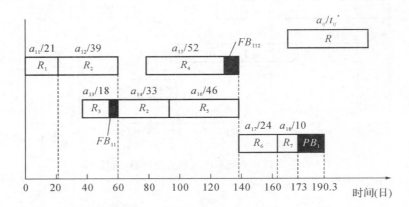

图 8-14　基于模糊关键链的项目进度计划(项目二)

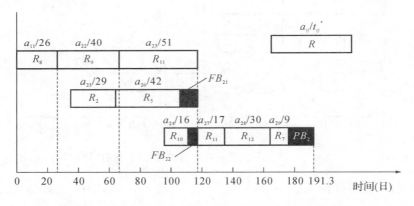

图 8-14　基于模糊关键链的项目进度计划(项目二)

（5）定义能力约束资源，计算能力约束缓冲的大小，在项目一和项目二中添加鼓缓冲和能力资源缓冲。

从所有资源的使用情况可知，资源 R_2 的工作时间总和以及需求该资源的任务总数都高于其他资源，所以将 R_2 确定为能力约束资源。

根据式(8.10)，得到

$$CCB_1 = \sqrt{(1 + a_{12}^{\text{Complex}} + a_{12}^{\text{Constr}})(t_{12}^{S})^2 + (1 + a_{14}^{\text{Complex}} + a_{14}^{\text{Constr}})(t_{14}^{S})^2}$$
$$= \sqrt{(1 + 0.125 + 1)(t_{12}^{S})^2 + (1 + 0.125 + 1)(t_{14}^{S})^2}$$
$$= 18.4$$

最后,在项目一的任务 a_{14} 和项目二的 a_{23} 之间插入能力约束缓冲,在能力约束任务 a_{12} 前插入鼓缓冲,得到基于模糊关键链的项目群进度计划,如图 8-15 所示。

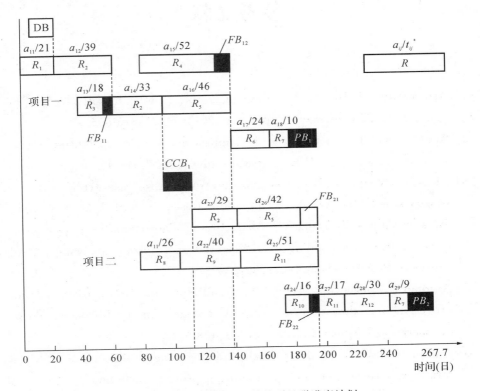

图 8-15　基于模糊关键链的项目群进度计划

由图 8-15 可知,经过调度后的项目群总工期为 267.7 日,其中项目一预计将在 190.7 日后完工,项目二将于 267.7 日后完工,两者交错的工期占项目群总工期的 42.55%,且项目计划完工日期均满足项目合同中规定的 260 日和 320 日的限定要求,说明该方法能以较高的可能性提供足够的错开时间,同时对项目群最终完工率影响很小。

参考文献

[1] Acuña,Silvia T,Juristo,N. Assigning people to roles in software projects [J]. Software Practice and Experience,2004,34(7):675-696.

[2] Acuña,Silvia T,Juristo,N,et al. Emphasizing human capabilities in software development[J]. IEEE Software,2006,23(2):94-101.

[3] Alcaraz J,Maroto C. A robust genetic algorithm for resource allocation in project scheduling. Annals of Operations Research,2001,102(1):83-109.

[4] Alvarez-Valdes R,Tamarit J M. Heuristic algorithms for resource-constrained project scheduling:A review and an empirical analysis[J]. Advances in Project Scheduling,1989:134-143.

[5] Antonio L,Concepción M,Pilar T. A multicriteria heuristic method to improve resource allocation in multiproject scheduling[J]. European Journal of Operational Research,2000,127(2):408-424.

[6] Antonio L,Pilar T. Analysis of scheduling schemes and heuristic rules performance in resource-constrained multiple project scheduling[J]. Annals of Operations Research,2001,102(1):263-286.

[7] Arno S,Andreas D. Multi-mode resource-constrained project scheduling by a simple,general and powerful sequencing algorithm[J]. European Journal of Operational Research,1998,107(2):431-450.

[8] Arno S,Rainer K,Andreas D. Semi-active,active,and non-delay schedules for the resource-constrained project scheduling problem [J]. European Journal of Operational Research,1995,80(1):94-102.

[9] Bellenguez-Morineau O,Emmanuel N. A branch-and-bound method for solving multi-skill project scheduling problem[J]. RAIRO-Operations Research,2007,41(2):155-170.

[10] Bert D R,Willy H. The multi-mode resource-constrained project scheduling problem with generalized precedence relations[J]. European Journal

of Operational Research,1999,119(2):538-556.

[11] Bert D R,Yael G-C,Martin L,et al. The impact of project portfolio management on information technology projects[J]. International Journal of Project Management,2005,23(7):524-537.

[12] B Jarboui,N Damak,P Siarry,A Rebai. A combinatorial particle swarm optimization for solving multi-mode resource-constrained project scheduling problems[J],Applied Mathematics and Computation,2008,195(1):299-308.

[13] Boehm,Barry W. Software estimation with COCOMOII[M]. Upper Saddle River,NJ,Prentice Hall,2002.

[14] Brinkmann K,Neumann K. Heuristic procedures for resource-constrained project scheduling with minimal and maximal time lags:The resource-levelling and minimum project duration problems[J]. Journal of Decision Systems,1996,5(2):129-155.

[15] Carl K Chang,Hsin-yi Jiang,Yu Di,et al. Time-line based model for software project scheduling with genetic algorithms[J]. Information and Software Technology,2008,50(11):1142-1154.

[16] Chin-Yu Huang,Jung-Hua Lo. Optimal resource allocation for cost and reliability of modular software systems in the testing phase[J]. Journal of Systems and Software,2006,79(5):653-664.

[17] Cho J H,Kim Y D. A simulated annealing algorithm for resource constrained project scheduling problems[J]. Journal of the Operational Research Society,1997,48(7):736-744.

[18] Christofides N,Alvares-Valdes R,Tamarit J M. Project scheduling with resource constraints:A branch and bound approach[J]. European Journal of Operational Research,1987,29(3):262-273.

[19] C L Ramsey,V R Basili. An evaluation of expert systems for software engineering management[J]. IEEE Transactions on Software Engineering,1989,15 (6):747-759.

[20] Cohen I,Mandelbaum A,Shyub A. Multi-project scheduling and control: a process-based comparative study of the critical chain methodology and some alternatives[J]. Proj ect Management Journal,2004,35(2):39-50.

[21] Davis E W,Patterson J H. A comparison of heuristic and optimum solu-

tions in resource-constrained project scheduling[J]. Management Science,1975,21(8):944-955.

[22] David M Raffo,Marc I. Kellner. Empirical analysis in software process simulation modeling[J]. Journal of Systems and Software,2000,53(1): 31-41.

[23] Dehuri S,Cho S B. Multi-criterion Pareto based particle swarm optimized polynomial neural network for classification: A review and state-of-the-art[J]. Computer Science Review,2009,3(1):19-40.

[24] Demeulemeester E,Herroelen W. A branch and bound procedure for the multiple resource-constrained project scheduling problem[J]. Management Science,1992,38(12):1803-1818.

[25] Demeulemeester E,Herroelen W,Simpson W,et al. On a paper by Christofides et al. for solving the multiple-resource constrained,simple project scheduling problem[J]. European Journal of Operational Research,1994, 76(3):218-228.

[26] Dimitri Golenko-Ginzburg,Aharon Gonik. A heuristic for network project scheduling with random activity durations depending on the resource allocation[J]. International Journal of Production Economics,1998,55(2): 149-162.

[27] Dimitri Golenko-Ginzburg, Aharon Gonik. Stochastic network project scheduling with non-consumable limited resources[J]. International Journal of Production Economics,1997,48(1),10:29-37.

[28] Doreen Krüger,Armin Scholl. A heuristic solution framework for the resource constrained(multi-)project scheduling problem with sequence-dependent transfer times[J]. European Journal of Operational Research, 2009,197(2):492-508.

[29] D Savin S Alkass,P Fazio. A procedure for calculating the weight-matrix of a neural network for resource leveling[J]. Advances in Engineering Software,1997,28(5):277-283.

[30] Duggan J,Byrne J,Lyons G. A task optimizer for software construction [J]. IEEE Software,2004,21(3):76-82.

[31] Elmaghraby S E. Activity networks:Project planning and control by network models[M]. New York:John Wiley & Sons,1977.

[32] Enrique Alba,J Francisco Chicano. Software project management with GAs[J]. Information Sciences,2007,177(11):2380-2401.

[33] Francesco A Zammori,Marcello Braglia,Marco Frosolini. A fuzzy multi-criteria approach for critical path definition[J]. International Journal of Project Management,2009,27(3):278-291.

[34] Goldratt E M. Critical chain[M]. New York:North Rivef Press,1997.

[35] Guo Yan,Li Nan,Ye Ting-ting. Multiple Resources Leveling in Multiple Projects Scheduling Problem Using Particle Swarm Optimization[C]. Fifth International Conference on Natural Computation,Tianjing. 2009 (3):260-264.

[36] Hazem Abdallah,Hassan M Emara,Hassan T Dorrah,et al. Using Ant Colony Optimization algorithm for solving project management problems [J]. Expert Systems with Applications,2009,36(6):10004-10015.

[37] Hong Zhang,Heng Li,C M Tam. Particle swarm optimization for re-source-constrained project scheduling[J]. International Journal of Project Management,2006,24(1):83-92.

[38] Hong Zhang,Xiaodong Li,Heng Li,et al. Particle swarm optimization-based schemes for resource-constrained project scheduling[J]. Automa-tion in Construction,2005,14(3):393-404.

[39] Hsien-Tang Tsai,Herbert Moskowitz,Lai-Hsi Lee. Human resource se-lection for software development projects using Taguchi's parameter de-sign[J]. European Journal of Operational Research, 2003, 151 (1): 167-180.

[40] Hu X,Eberhart R. Multi-objective optimization using dynamic neighbor-hood particle swarm optimization[C]. The 2002 IEEE World Congress on Computational Intelligence,Hawaii,2002:1677-1681.

[41] James E Kelley. Critical-Path Planning and Scheduling:Mathematical Ba-sis[J]. Operations Research,1961,9(3):296-320.

[42] Jesús S Aguilar-Ruiz,Isabel Ramos,José C Riquelme,et al,An evolution-ary approach to estimating software development projects[J]. Informa-tion and Software Technology,2001,43(14):875-882.

[43] Jin-qiang Geng,Li-ping Weng,Si-hong Liu. An improved ant colony opti-mization algorithm for nonlinear resource-leveling problems[J]. Comput-

ers & Mathematics with Applications,2011,61(8):2300-2305.

[44] José Coelho,Mario Vanhoucke. Multi-mode resource-constrained project scheduling using RCPSP and SAT solvers[J]. European Journal of Operational Research,2011,213(1):73-82.

[45] Kang Qi,Wang Lei,Wu Qi-di. A novel ecological particle swarm optimization algorithm and its population dynamics analysis[J]. Applied Mathematics and Computation. 2008,205:61-72.

[46] Kaveh A,Laknejadi K. A novel hybrid charge system search and particle swarm optimization method for multi-objective optimization[J]. Expert Systems with Applications,2011,38(12):15475-15488.

[47] K Bouleimen,H Lecocq. A new efficient simulated annealing algorithm for the resource-constrained project scheduling problem and its multiple mode version[J]. European Journal of Operational Research,2003,149 (2):268-281.

[48] Kelley J E. The critical-path method:Resources planning and scheduling [M]. New Jersey:Prentice-Hall,1963:347-365.

[49] Kennedy J,Eberbart R. Particle swarm optimization. Proc[C]. IEEE Int Conf on Neural Networks. Perth,1995,1942-1948.

[50] Kenzo Kurihara,Nobuyuki Nishiuchi. Efficient Monte Carlo simulation method of GERT-type network for project management[J]. Computers & Industrial Engineering,2002,42(4):521-531.

[51] Kim K W,Gen M,Yamazaki G. Hybrid genetic algorithm with fuzzy logic for resource-constrained project scheduling[J]. Applied Soft Computing, 2003,2(3):174-188.

[52] Kishan Mehrotra,John Chai,Sharma Pillutla. A study of approximating the moments of the job completion time in PERT networks[J]. Journal of Operations Management,1996,14(3):277-289.

[53] K Neumann,J Zimmermann. Procedures for resource leveling and net present value problems in project scheduling with general temporal and resource constraints[J],European Journal of Operational Research,2000, 127(2):425-443.

[54] K Neumann,J Zimmermann. Resource leveling for projects with schedule-dependent time windows[J],European Journal of Operational Research,

1999,117(3):591-605.

[55] Kolisch Rainer. Efficient priority rules for the resource-constrained project scheduling problem. Journal of Operations Management[J],1996,14(3):179-192.

[56] Kolisch Rainer. Project scheduling under resource constraints:Efficient heuristics for several problem classes[M]. Heidelberg:Springer,1995.

[57] Kurtulus I S,Davis E W. Multi-project scheduling:Categorization of heuristic rules performance[J]. Management Science,1982,28(2):161-172.

[58] KwanWoo Kim,YoungSu Yun,JungMo Yoon,et al. Hybrid genetic algorithm with adaptive abilities for resource-constrained multiple project scheduling[J]. Computers in Industry,2005,56(2):143-160.

[59] Lee J K,Kim Y D. Search heuristics for resource const rained project scheduling[J]. Journal of the Operational Research Society,1996,47(5):678-689.

[60] Linet Ozdamar. A genetic algorithm approach to a general category project scheduling problem[J]. IEEE transactions on systems,man and cybernetics,1999,29(1):44-59.

[61] Ling Wang,Chen Fang. An effective estimation of distribution algorithm for the multi-mode resource-constrained project scheduling problem[J]. Computers & Operations Research,2012,39(2):449-460.

[62] Luis Daniel Otero,Grisselle Centeno,Alex J Ruiz-Torres,et al. A systematic approach for resource allocation in software projects[J]. Computers & Industrial Engineering,2009,56(4):1333-1339.

[63] Luong Duc Long,Ario Ohsato. Fuzzy critical chain method for project scheduling under resource constraints and uncertainty[J]. International Journal of Project Management,2008,26(6):688-698.

[64] M Bandelloni,M Tucci,R Rinaldi. Optimal resource leveling using non-serial dynamic programming[J],European Journal of Operational Research,1994,78(2):162-177.

[65] Margarita André,María G Baldoquín,Silvia T Acuña. Formal model for assigning human resources to teams in software projects[J]. Information and Software Technology,2011,53(3):259-275.

[66] Mark Lycett,Andreas Rassau,John Danson. Programme management:a

critical review[J]. International Journal of Project Management,2004,22 (4):289-299.

[67] Masao Mori,Ching Chih Tseng. A genetic algorithm for multi-mode resource constrained project scheduling problem[J]. European Journal of Operational Research,1997,100(1):134-141.

[68] M A Younis,B Saad. Optimal resource leveling of multi-resource projects [J],Computers & Industrial Engineering,1996,31(1):1-4.

[69] Mostaghim M S,Teich J. Strategies for finding good local guides in multi-objective particle swarm optimization(MOPSO)[J]. IEEE Swarm Intelligence Symposium,Indianapolis,2003,26-33.

[70] M Rabbani,S M T Fatemi Ghomi,F Jolai,et al. A new heuristic for resource-constrained project scheduling in stochastic networks using critical chain concept[J]. European Journal of Operational Research,2007, 176(2):794-808.

[71] Narongrit Wongwai,Suphawut Malaikrisanachalee,Augmented heuristic algorithm for multi-skilled resource scheduling[J]. Automation in Construction,2011,20(4):429-445.

[72] N Damak,B Jarboui,P Siarry, T Loukil. Differential evolution for solving multi-mode resource-constrained project scheduling problems[J],Computers & Operations Research,2009,36(9):2653-2659.

[73] Newblod R C. Project management in the fast lane-applying the theory of constraints[M]. Boca Raton:The St. Lucie Press,1998:55-57.

[74] Omkar S N,Mudigere D,Naik G N,et al. Vector evaluated particle swarm optimization(VEPSO)for multi-objective design optimization of composite structures[J]. Computers & Structures,2008,86(1-2):1-14.

[75] Oya I Tukel,Walter O Rom,Sandra Duni Eksioglu. An investigation of buffer sizing techniques in critical chain scheduling[J]. European Journal of Operational Research,2006,172(2):401-416.

[76] Pankaj Jalote,Gourav Jain. Assigning tasks in a 24-h software development model. Journal of Systems and Software[J],2006,79(7):904-911.

[77] Parsopoulos K E,Vrahatis M N. Particle swarm optimization method in multi-objective problems[C]. 2002 ACM Symposium on Applied Computing,Spain. 2002:603-607.

[78] Peter Brucker, Andreas Drexl, Rolf Möhring, et al. Resource-constrained project scheduling: Notation, classification, models, and methods[J]. European Journal of Operational Research, 1999, 112(1):3-41.

[79] Peter Brucker, Sigrid Knust, Arno Schoo, et al. A branch and bound algorithm for the resource-constrained project scheduling problem[J]. European Journal of Operational Research, 1998, 107(2):272-288.

[80] Pilar Tormos, Antonio Lova, A competitive heuristic solution technique for resource-constrained project scheduling[J], Annals of Operations Research 2001, 102(1):65-81.

[81] Po-Han Chen, Seyed Mohsen Shahandashti. Hybrid of genetic algorithm and simulated annealing for multiple project scheduling with multiple resource constraints[J]. Automation in Construction, 2009, 18(4):434-443.

[82] Q P Hu, M Xie, S H Ng, et al. Robust recurrent neural network modeling for software fault detection and correction prediction[J]. Reliability Engineering & System Safety, 2007, 92(3):332-340.

[83] Rina A, Tiwari M K, Mukherjee S K. Aritificial immune system based approach for solving resource constraint project scheduling problem[J]. International journal of advanced manufacturing technology, 2007, 34(5-6): 584-593.

[84] Roland Heilmann. A branch-and-bound procedure for the multi-mode resource-constrained project scheduling problem with minimum and maximum time lags[J], European Journal of Operational Research, 2003, 144 (2):348-365.

[85] Robert Klein, Armin Scholl. Computing lower bounds by destructive improvement: An application to resource-constrained project scheduling[J]. European Journal of Operational Research, 1999, 112(2):322-346.

[86] Ruey-Maw Chen. Particle swarm optimization with justification and designed mechanisms for resource-constrained project scheduling problem [J]. Expert Systems with Applications, 2011, 38(6):7102-7111.

[87] Schwalbe K. Information technology project management [M]. U. S. South-Western college publishing, 2009.

[88] Shih-Pin Chen. Analysis of critical paths in a project network with fuzzy activity times[J]. European Journal of Operational Research, 2007, 183

(1):442-459.

[89] Sonda Elloumi, Philippe Fortemps. A hybrid rank-based evolutionary algorithm applied to multi-mode resource-constrained project scheduling problem[J]. European Journal of Operational Research, 2010, 205(1): 31-41.

[90] Sou-Sen Leu, Chung-Huei Yang, Jiun-Ching Huang. Resource leveling in construction by genetic algorithm-based optimization and its decision support system application, Automation in Construction, 2000, 10(1): 27-41.

[91] Stefan Chanas, Pawel, Zieliski. Critical path analysis in the network with fuzzy activity times[J]. Fuzzy Sets and Systems, 2001, 122(2):195-204.

[92] Stinson J P, Davis E W, Khumawala B H. Multiple resource-constrained scheduling using branch and bound[J]. AIIE Transactions, 1978, 10(2): 252-259.

[93] Susan Ferreira, James Collofello, Dan Shunk, et al. Understanding the effects of requirements volatility in software engineering by using analytical modeling and software process simulation[J]. Journal of Systems and Software, 2009, 82(10):1568-1577.

[94] Sönke Hartmann. A competitive genetic algorithm for resource-constrained project scheduling. Naval Research Logistics[J], 1998, 45(7):733-750.

[95] Sönke Hartmann. A self-adapting genetic algorithm for project scheduling under resource constraints[J]. Naval Research Logistics, 2002, 49(5): 433-448.

[96] Sönke Hartmann, Rainer Kolisch. Experimental evaluation of state-of-the-art heuristics for the resource-constrained project scheduling problem [J]. European Journal of Operational Research, 2000, 127(2):394-407.

[97] T Dohi, Y Nishio, S Osaki. Optimal software release scheduling based on artificial neural networks[J]. Annals of Software Engineering, 1999, 8 (1):167-185.

[98] Thomas Hanne, Stefan Nickel. A multiobjective evolutionary algorithm for scheduling and inspection planning in software development projects [J]. European Journal of Operational Research, 2005, 167(3):663-678.

[99] Thomas P R, Salhi S. A tabu search approach for the resource constrained

project scheduling problem［J］. Journal of Heuristics，1998，4（2）：123-139.

[100] Tyson R Browning，Ali A Yassine. Resource-constrained multi-project scheduling：Priority rule performance revisited[J]. International Journal of Production Economics，2010，126(2)：212-228.

[101] Vicente Valls，Francisco Ballestín，Sacramento Quintanilla. Justification and RCPSP：A technique that pays[J]. European Journal of Operational Research. 2005，165(2)：375-386.

[102] Virginia Yannibelli，Analía Amandi. A knowledge-based evolutionary assistant to software development project scheduling[J]. Expert Systems with Applications，2011，38(7)：8403-8413.

[103] Walt Scacchi. Experience with software process simulation and modeling ［J］. Journal of Systems and Software，1999，46(2-3)：183-192.

[104] Xue-mei Xie，Guang Yang，Chuang Lin. Software development projects IRSE buffer settings and simulation based on critical chain［J］. The Journal of China Universities of Posts and Telecommunications，2010，17(1)：100-106.

[105] Zitzler E，Deb K，Thiele L. Comparison of multi-objective evolutionary algorithms：empirical results［J］. IEEE Transactions on Evolutionary Computation，2000，8(2)：173-195.

[106] 别黎，崔南方. 关键链多项目管理中能力约束缓冲大小研究[J].计算机集成制造系统，2011，17(7)：1534-1540.

[107] 陈浩，刘大鹏，杨秋松.一种需求变更驱动的软件项目人力资源再调度方法[J].计算机应用与软件，2011，28(6)：5-10.

[108] 陈兰荪.数学生态学模型与研究方法[M].北京：科学出版社，1988

[109] 陈志勇，杜志达，周华.基于微粒群算法的工程项目资源均衡优化[J].土工工程学报，2007，40(2)：93-96.

[110] 曹先彬，罗文坚，王煦法.基于生态种群竞争模型的协同进化[J].软件学报，2001，12(4)：556-562.

[111] 邓林义.资源受限的项目调度问题及其应用研究[D].大连：大连理工大学，2008.

[112] 方晨，王凌.资源约束项目调度问题综述[J].控制与决策，2010，25(5)：641-650.

[113] 樊庆玉,李溪.浅谈工作分解结构(WBS)在火电厂工程管理中的应用[J].项目管理技术,2008,4(2):119-120.

[114] 高世刚.基于云遗传算法的软件项目资源调度研究[D].武汉:武汉科技大学,2010.

[115] 葛羽嘉,Chang Carl K.遗传算法在软件项目管理中的应用及研究[J].计算机工程与设计,2006,27(11):1989-1992.

[116] 郭研,李南,李兴森.基于 VEPSO-BP 的多资源均衡优化[J].系统工程.2009.27(10):108-112.

[117] 郭研,李南,李兴森.多项目多资源均衡问题及其基于 Pareto 的向量评价微粒群算法[J].控制与决策.2010.25(5):789-793.

[118] 郭研,李南,李兴森.基于云多目标微粒群算法的多项目调度方法[J].计算机工程与应用.2012,48(21):15-20.

[119] 郭研,李南,李兴森.多模式多资源均衡及基于动态种群的多目标微粒群算法[J].控制与决策.2013.28(1):131-136.

[120] 郭研,宁宣熙.利用遗传算法求解多项目资源平衡问题[J].系统工程理论与实践,2005,25(10):78-82.

[121] 甘早斌,陈传波,裴先登.基于 Web 的软件需求管理系统研究[J].计算机应用研究,2003,20(9):53-55.

[122] 胡宝清.模糊理论基础[M].武汉:武汉大学出版社,2010.

[123] 胡广浩,毛至忠,何大阔.基于两阶段领导的多目标粒子群优化算法[J].控制与决策.2010.25(3):404-410.

[124] 黄裴.网络计划在软件项目进度管理中的应用[J].计算机科学,2006,33(4):85-87.

[125] 黄小荣.光电子企业多项目资源配置优化与评价方法研究[D].武汉:武汉理工大学.2011.

[126] 孔令飞.遗传算法在软件项目调度中的应用[D].长春:吉林大学,2008.

[127] 李德毅,刘常昱.论正态云模型的普适性[J].中国工程科学,2004,6(8):28-34.

[128] 李德毅,孟海军,史雪梅.隶属云和隶属云发生器[J].计算机研究和发展,1995,32(6):16-21.

[129] 李俊亭,王润孝,杨云涛.基于资源冲突的关键链项目进度研究[J].西北工业大学学报,2010,28(4):547-552.

[130] 鹿吉祥,赵利,毕向林等.项目群管理研究[J].工程管理学报,2010,24

　　　(4):442-446.

[131] 刘士新,王梦光.一种求解工程调度中资源水平问题的遗传算法[J].系统
　　　工程理论与实践,2001,21(4):24-26.

[132] 刘士新,王梦光,唐加福.资源受限工程调度问题的优化方法综述[J].控
　　　制与决策,2001,16(1):647-651.

[133] 蓝艇,刘士荣,顾幸生.基于进化算法的多目标优化方法[J].控制与决策,
　　　2006,21(6):601-605.

[134] 刘雅婷,沈轶,刘振元.多技能人力资源调度策略在资源限制型项目中的
　　　应用[J].重庆工学院学报(自然科学版).2007,21(3):37-40.

[135] 宁宣熙,马自丰.微机辅助网络计划技术[M].南京:东南大学出版社,
　　　1991:13-25.

[136] Lewis James P.项目计划、进度与控制[M].赤向东译.北京:清华大学出
　　　版社,2002.

[137] 庞南生,纪昌明,张艺.活动多种执行模式下网络计划资源均衡优化模型
　　　[J].系统工程,2009,27(9):70-75.

[138] 彭武良,王成恩.一种求解资源受限项目调度问题的蚁群算法[J].系统仿
　　　真学报.2009,21(7):1974-1978.

[139] 齐宝库,候景岩,王桂忠.项目管理的基本概念[J].沈阳建筑工程学院学
　　　报,1998,14(3):226-229.

[140] 齐远.项目群管理的特点研究[J].项目管理技术,2009,(S1):51-53.

[141] 任守纲,徐焕良,李相全.基于遗传算法的软件项目人力资源调度研究
　　　[J].计算机应用研究,2008,25(12):3563-3567.

[142] 荣怡雯,李南,姚静.软件开发企业多项目管理中人力资源配置的研究
　　　[J].项目管理技术,2008,6(4):62-65.

[143] 宋红丽.软件组织多项目协同管理研究[D].天津:天津大学,2006.

[144] 寿涌毅.资源约束下多项目调度的迭代算法[J].浙江大学学报(工学版),
　　　2004,38(8):1095-1099.

[145] 吴兵.柔性资源受限的多模式项目调度问题研究[D].武汉:武汉理工大
　　　学,2008.

[146] 万鲁河,刘万宇,崔金香.基于模拟退火算法的空间度量物化选择[J].哈
　　　尔滨工业大学学报,2008,40(7):1099-1102.

[147] 王宏.求解资源受限项目调度问题算法的研究[D].天津:天津大学,2005.

［148］王强,曹汉平,贾素玲,等.IT软件项目管理[M].北京:清华大学出版社,
　　　2004:10.

［149］王巍,赵国杰.粒子群优化在资源受限工程调度问题中的应用[J].哈尔滨
　　　工业大学学报,2007,39(4):669-672.

［150］王祎望,杜纲,齐庆祝.项目群管理中项目选择方法的研究[J].工业工程.
　　　2004,7(6):37-40.

［151］王艳,曾建潮.多目标微粒群优化算法综述[J].智能系统学报,2010,5
　　　(5):377-384.

［152］王仲涛,严俊,赵耀.对软件项目管理的初步探讨[C].2001年船舶与海洋
　　　工程研究专集.北京:电子工业出版社,2001.

［153］王祖和,亓霞.多资源均衡的权重优选法[J].管理工程学报,2002,16(3):
　　　91-93.

［154］韦杏琼,周永权,黄华娟等.云自适应粒子群算法[J].计算机工程与应用.
　　　2009.45(1):48-50.

［155］夏洁,高金源,余舟毅.基于禁忌搜索的启发式任务路径规划算法[J].控
　　　制与决策.2002,17(1):773-776.

［156］谢洁锐,刘才兴,周运华.资源均衡问题的Hopfield解决方法[J].系统工
　　　程理论与实践,2006,26(3):83-87.

［157］肖来元,吴涛,陆永忠.软件项目管理与案例分析[M].北京:清华大学出
　　　版社,2009:3.

［158］杨莉.软件项目风险管理方法与模型研究[D].南京:南京航空航天大
　　　学,2010.

［159］杨莉,李南.基于模糊理论的关键链管理研究[J],科学学与科学技术管
　　　理,2009,30(10):27-30.

［160］阳王东,曾强聪,吴宏斌.软件项目管理方法与实践[M].北京:中国水利
　　　水电出版社,2009:11.

［161］姚玉玲,刘靖伯.网络计划技术与工程进度管理[M].北京:人民交通出版
　　　社,2008:2-10.

［162］赵娜,赵锦新,李彤.软件演化过程的资源优化配置[J].计算机应用研究,
　　　2007,24(7):71-74.

［163］赵欣培,李明树,王青等.一种基于Agent的自适应软件过程模型[J].软
　　　件学报,2004,15(3):348-359.

［164］章国安,周超,周晖.基于粒子记忆体的多目标微粒群算法[J].计算机应

用研究.2010,27(5):1665-1668.

[165] 张华.软件项目管理原则谈[OL].http://www.csai.cn/edu/xmgl/it-pro.htm,2004-11-15.

[166] 张海梅,贲可荣,刘玻.给定人员情况下最小化开发时间和成本的软件项目调度[J].海军工程大学学报,2004,16(5):52-55.

[167] 张汉鹏,邱菀华.资源约束下多项目调度的改进遗传算法[J].中国管理科学,2007,15(5):78-82.

[168] 张家浩.软件项目管理[M].北京:机械工业出版社,2005:84-88.

[169] 张力,薛惠锋,许振华等.基于遗传算法的软件工程资源配置优化模型[J].计算机仿真,2007,24(12):166-169.

[170] 张利彪,许相莉,马铭等.基于微分进化求解多目标优化问题中的退化现象[J].吉林大学学报(工学版),2009,39(4):1041-1046.

[171] 张翔,周明全,耿国华等.基于模糊理论的软件项目调度算法[J].计算机工程与应用,2008,44(9):30-32.

[172] (美国)项目管理协会.项目管理知识体系指南[M].王勇,张斌译.北京:电子工业出版社,2009.

索　引